银东直流线路单极接地试验

正在开展银东直流线路带电作业

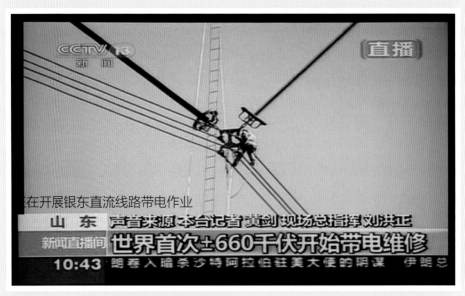

中央电视台直播银东直流带电作业画面

巡视银东直流线路

直升机巡视银东直流线路

夕阳下的银东直流线路

±660kV ZHILIUSHUDIANXIANLU
DAIDIANZUOYE JISHU

±660kV直流输电线路
带电作业技术

卢 刚 主编

中国电力出版社
CHINA ELECTRIC POWER PRESS

内容提要

　　本书主要介绍了±660kV直流输电线路带电作业技术，主要内容包括带电作业基本原理、±660kV直流带电作业特点及难点、±660kV直流带电作业研究、±660kV直流输电线路带电作业项目及作业指导书、±660kV直流输电线路带电作业工具等。

　　本书内容理论联系实际，既可供电力系统从事运行维护和管理的相关人员使用，也可供高等院校相关专业师生阅读参考。

图书在版编目（CIP）数据

　　±660kV直流输电线路带电作业技术/卢刚主编. —北京：中国电力出版社，2013.4

　　ISBN 978-7-5123-4311-5

　　Ⅰ. ①6… Ⅱ. ①卢… Ⅲ. ①高压输电线路-直流输电线路-带电作业 Ⅳ. ①TM726.1

　　中国版本图书馆CIP数据核字（2013）第071064号

中国电力出版社出版、发行

（北京市东城区北京站西街19号 100005 http：//www.cepp.sgcc.com.cn）

航远印刷有限公司印刷

各地新华书店经售

*

2013年5月第一版 2013年5月北京第一次印刷

710毫米×980毫米 16开本 10.625印张 184千字 4插页

印数0001—3000册 定价35.00元

编　委　会

2011 年的 10 月 17 日，山东电力集团公司检修公司成功完成了世界首次"±660kV 直流输电线路带电作业"，中央电视台现场直播了作业全过程，人民日报、科技日报等国家主流媒体和许多地方媒体同期进行了报道，引起了社会各界和业内同行的高度关注，全国带电作业技术标准化委员会也发电表示了祝贺。

为促进带电作业技术的交流和推广，山东电力集团公司检修公司结合±660kV 直流线路带电作业的研究成果和现场应用经验，组织编写了《±660kV 直流输电线路带电作业技术》一书。

为确保电网持续可靠供电，需对电气设备开展不停电检修，带电作业是作业人员直接接触带电体或通过绝缘工具开展设备检修、检测或带电更换的专项作业技术。带电作业在中国已有五十多年的发展历史，从 20 世纪 50 年代初开始探索性实践研究，1953～1957 年试验成功 33、66kV 带电作业方法及专用工具，1957 年在 220kV 高压线路上开展了带电检修，1958 年又进一步研究等电位作业的技术问题，并成功在 220kV 线路上首次进行了等电位作业。随后，带电作业在全国得到了广泛的推广应用。1979 年，我国开始建设 500kV 输变电工程，相关单位对 500kV 电压等级的带电作业开展了大量研究并成功应用于线路检修，目前已实现常态化作业。进入 21 世纪后，我国带电作业人员又相继开展了紧凑型、同塔多回、交流 750kV、交流特高压和直流超/特高压带电作业技术的研究。五十多年来，我国带电作业人员自主创新，走出了一条来源于生产实践，经过不断研究、试验、改进、提高又应用于生产实践的带电作业发展之路，这一切，对确保带电作业安全、促进带电作业发展起到了积极推动作用。

±660kV 银东直流输电系统西起宁夏银川东换流站，东至山东胶东换流站，线路全长 1333km，途经宁夏、陕西、山西、河北、山东等五省区，是我国西电东送的重要通道之一。该工程将西北地区的清洁水电送往山东，有效缓解了山东省用电紧张难题。±660kV 银东直流输电系统在世界上首次采用±660kV 电压等级，采用了多项新技术、新设备，拥有完全自主知识产权。输电线路采用 $4 \times 1000mm^2$ 大截面导线，额定输送功率 400 万 kW，作为大功率输电线路，停电检修将对山东电网产生较大影响，因此带电作业意义尤为突出。根据国家电网公司安排，山东电力集团公司检修公司与国网电力科学研究院等联合开展了"±660kV 直流输电线路带电作业方式研究及带电作业工具研制"项目的研究，取得了关键技术的重大突破并成功应用于工程实际。

《±660kV 直流输电线路带电作业技术》一书，内容涵盖了±660kV 直流输电线路带电作业安全距离的研究、安全防护的研究、作业工器具的研制、作业项目及操作规程的编制等。该书凝聚了参与研究全体技术人员和应用操作人员的辛勤劳动和智慧，是带电作业技术人员和输电线路运行管理人员的一本重要的参考书。

全国带电作业技术标准化委员会主任委员

2013 年 3 月 28 日

前　言

2010 年 11 月 28 日，±660kV 银东直流输电正式投入商业运行。±660kV 银东直流输电工程是世界上第一个 ±660kV 电压等级的直流输电工程，是国家"西电东送"战略的重点工程，是山东省实施"外电入鲁"战略的标志性工程。该工程的建成，实现了宁夏东部煤炭基地的火电、黄河上游的水电"打捆"外送，是国家电网公司继 1000kV 特高压交流和 ±800kV 特高压直流工程之后取得的又一重大成果。该工程投运后，输电能力达 400 万 kW。

±660kV 银东直流输电工程在世界上首次采用了 ±660kV 电压等级、1000mm² 截面的导线等诸多新技术，常规带电作业工具无法在 ±660kV 直流输电线路上应用。基于上述考虑，本书在力求保证完整的理论性和系统性的同时，尽可能多地介绍 ±660kV 直流线路特殊带电作业安全距离、操作导则和带电作业工具等。目的在于为从事带电作业的人们提供参考和借鉴，推动 ±660kV 及其他电压等级直流输电线路带电作业工作。

本书由卢刚、刘洪正组织编写，并负责书稿的统稿及校核工作。具体分工如下：第一章由李龙、雍军、张天河、李冰冰、毕斌、孟令国编写，介绍银东直流输电工程概况、带电作业及发展史、带电作业基本原理及 ±660kV 直流带电作业特点及难点；第二章由王振河、孟海磊、刘凯、肖宾、付以贤、王玉华、韩正新编写，介绍 ±660kV 直流带电作业研究；第三章由乔耀华、郑连勇、贾明亮、王进编写，介绍 ±660kV 直流输电线路带电作业项目及作业指导书；第四章由段建军、刘兴君、马玮杰、李晓毅编写，介绍 ±660kV 直流输电线路带电作业工具；附录由毕宬、周洋、张民、王洪川编写，介绍 ±660kV 银东直流输电带电作业开展情况及带电作业指导书。在此，感谢全国带电作业技术标准化委员会秘书长、中国电力科学研究院易辉教授级高级工程师在本书成文过程中给予的帮助和指导。同时在本书的编写过程中，参考了有关资料、文献，对资料和文献的作者表示感谢。

由于编者水平有限，在本书编写过程中，难免会出现一些不当和错漏，诚盼读者指正。

编　者

2013 年 4 月

目　录

第一章

概　　论

第一节　±660kV 银东直流输电工程概况

一、工程建设的必要性

我国西北地区能源丰富，水电调节性能优越，但经济发展相对落后，用电水平低且增长缓慢，且用电结构单一，造成了西北电网水电资源利用率较低、调峰资源大量闲置的现象。华北地区经济发展较快，用电需求较大，但华北电网资源结构单一，几乎是纯火电系统，系统调峰手段有限，火电深度调峰经济性又差。因此，作为相互毗邻，同处我国北部的两大电网，无论从资源优化配置、水火电互补运行看，还是从西部大开发、西电东送的能源流向看，西北电网和华北电网的联网运行都是必要的。

华北的山东电网位于我国电网的东部末端，是华北地区经济发达地区之一，同时是煤炭资源供不应求的省份，随着山东经济的快速发展，煤炭净调入呈逐年增加趋势。2004 年山东省煤炭净调入量为 3816 万 t 标煤，2006 年煤炭净调入量超过 10 000 万 t 标煤，占到煤炭消费总量的 50% 左右。根据《"十一五"及 2015 年山东省能源发展战略规划纲要》，"十一五"期间，山东省原煤产量将稳定在 15 000 万 t 左右，能源产量远不能满足需要。充分利用我国西部地区丰富资源优势，转变一次能源为电力，向山东负荷中心输电，对于满足山东省经济发展对电力的需求，调节能源结构，减轻一次能源运输压力，加强环境保护，实现经济可持续发展具有十分重要的意义。

开发西北电力东送华北是西部大开发战略的重要环节，电力外送是西部地区的支柱产业之一，对于促进西部地区的社会经济发展将会发挥极其重要的作用。西北电网与华北电网联网工程也是构建国家电网骨干网架的重要组成部分，符合全国联网的总体格局和规划目标，是西北地区西电东送的重要输电通道项目。据初步推算，山东接纳西北宁东来电后，每年可节省煤炭消耗 792 万 t 标准煤，折合原煤 1120 万 t，使全省万元 GDP 能耗下降 1.8%。按高效脱硫大机组排放水平测算，可使得二氧化硫排放量降低约 1.1%。

根据电力系统扩大联网的理论，由于被联网的两端系统负荷性、电源结构及其调节特性的差异，西北华北电网联网后联合系统将获得包括社会效益、经济效益在内的多种联网效益。

（1）西北电网 4000MW 水、火电打捆送电，其中水电容量 2000MW，可参与山东电网高峰负荷时的平衡，替代山东电网部分调峰能源，具有一定的水电容量效益，水火电比例取 1∶1 也是合适的。

（2）西北电网水火电打捆 4000MW 装机向华北山东电网送电，可获得一定的送电电量效益。

（3）西北电网年最大负荷一般出现在 11 月，而山东电网年最大负荷一般在 8 月和 12 月，由于负荷特性不同及高峰负荷存在时差，银东直流输电工程将获得一定的错峰效益。

（4）作为电源结构、负荷特性水平均有不同的送受端电网，其联网之后通过统一调度运行、检修安排，将获得一般大系统之间联网可获得的互为备用和紧急事故支援等效益。

目前国际上普遍采用的根据具体输电工程确定直流输电电压等级，通过现有的 ±500kV 和 ±800kV 两个电压等级进行组合匹配获得的质量输电容量方案有限，建立直流电压等级序列，形成级差合理的多个电压等级，可以获得多种不同的输电容量组合，可涵盖 3000～10 000MW。针对不同的直流输电工程可以得到更加准确、合理的容量匹配结果，使得工程在电压等级选择时具有更强适应性。同时通过直流电压等级序列的建立，实现工程标准化和系列化的有机结合，避免直流输电电压等级和设备型式过多导致的重复研究，降低研发费用，通过直流工程的通用设计和设备的标准化制作，有助于实现设备标准备品备件管理，有利于直流工程的运行维护，提高直流运行可靠性，降低运行费用，形成规模效益。

在我国直流输电工程中，有多个工程的输电距离为 1000～1500km，当采用 ±500kV 电压等级进行直流输电时，输电距离较远，损耗相对较大，经济性偏差。当采用 ±800kV 电压等级进行直流输电时，工程单位造价相对较高。在 ±500kV 和 ±800kV 两个电压等级之间引入 ±660kV 电压等级，可以获得较好的适应性。从技术上看，±660kV 输电技术在国际上已经得到应用，系统设计和关键技术相对成熟；从电压等级看，±660kV 处于 ±500kV 和 ±800kV 的中间点附近，与交流电压序列的确定基本一致，符合直流电压序列合理电压级差的要求；从电流看，选择 5in 晶闸管、额定电流 3000A 时，可以直接采用 ±500kV 的成熟设计，技术上不存在很大困难，有利于推动我国直流输电的国产化进程；从输送容量看，±660kV 输送容量约为 4000MW，输送容量比 ±500kV 提高了30%，可较好地与交流电网衔接，并且直流电压的提高有助于降低输电损耗，延长经济输电距离，工程经济性较好，是较为合理的技术升级方案。

二、工程简介

2010 年 11 月 28 日 19 时 12 分，±660kV 银东线极 I 系统正式投入商业运行；2011 年 2 月 28 日，极 II 线路投入运行，3 月 25 日正式带负荷运行。

1. 银川东换流站

银川东换流站位于银川市灵武市临河镇，与已投产的 750kV 银川东变电站同址建设，全站总建筑面积 22 393m²。额定输送容量 4000MW，换流变压器 14台，每台容量 400MVA，低压电抗器 2×90Mvar，直流开关场主接线采用双极典型直流接线，换流阀组接线采用双极、每极 1 组 12 脉动换流器的接线方式。换流变压器侧直流在站内接入 750kV 银川东变电站，750kV 出线远景 10 回、本期6 回，220kV 出线远景 13 回、本期 7 回。

2. 胶东换流站

胶东换流站位于青岛市胶州市胶西镇，与青岛 500kV 变电站同址建设，全站总建筑面积 12 508m²。额定输送容量 4000MW，换流变压器 14 台，每台容量386.4MVA，直流开关场主接线采用双极典型直流接线，换流阀组接线采用双极、每极 1 组 12 脉动换流器的接线方式。换流变压器侧直流在站内接入 500kV 胶东变电站，500kV 出线远景 6 回、本期 5 回、220kV 出线远景 14 回、本期 8 回。

3. 直流线路

±660kV 银东直流输电线路起于宁东回族自治区灵武市境内的银川东换流站，止于山东省青岛胶东换流站，线路总长 1333km，共有铁塔 2807 基，其中耐张塔 414 基，直线塔 2393 基，全线基础混凝土用量 187 677m³。

4. 接地极线路

银川东换流站接地极线路起点为银川东换流站，途经灵武市、盐池县，终点为盐池县高沙窝镇的红柳沟接地极极址，线路全长 63.93km，共有铁塔 160 基，其中共塔段 80 基，新建段直线塔 68 基，耐张塔 12 基。银川东换流站接地极为双圆形水平浅埋沟型，设计运行年限 40 年。

胶东换流站接地极线路起点为胶东换流站，途经胶州市、诸城市，终点为峡山水库南部的诸城接地极极址，线路全长 46.879km，共有铁塔 144 基，其中直线塔 125 基，耐张塔 19 基。胶东换流站接地极为双圆形水平浅埋沟型，设计运行年限 40 年。

5. 配套光通信工程

配套光通信工程共设光通信站 8 个，其中光纤中继站 6 个，沿直流线路架设 1 根 OPGW 光缆，长度为 1401.8km。

6. 设计参数

设计风速取值为离地 10m 高、50 年一遇、10min 平均最大风速，即设计基准风速取 27、30、32m/s 三种。设计覆冰有 10mm 轻冰和 15mm 中冰两种冰区。

系统标称电压：±660kV；

最高运行电压：±680kV；

额定输送容量：4000MW；

极导线电流：3000A；

最大负荷利用小时数：5000、5500h。

(1) 导线。导线采用 4×JL/G3A - 1000/45 - 72/7 型钢芯铝绞线，分裂间距 500mm。JL/G3A - 1000/45 - 72/7 导线参数见表 1 - 1。

表 1 - 1　　　　　　　　JL/G3A - 1000/45 - 72/7 导线参数表

项目		参数
结构 ［股数×直径（mm）］	铝（铝合金）	72×4.21
	钢	7×2.8
截面（mm²）	铝（铝合金）	1002.28
	钢	43.10
	总截面	1045.38
外径（mm）		42.08
计算质量（kg/m）		3.14
拉断力（kN）		226.15
弹性模量（MPa）		60.6
线膨胀系数×10⁻⁶（1/℃）		21.5
20℃直流电阻（Ω/km）		0.028 62
最大使用应力（N/mm²）		75.9～76.1（10mm 冰区）/82.2（15mm 冰区）
安全系数		2.7（10mm 冰区）/2.5（15mm 冰区）
年平均应力（N/mm²）		51.3（10mm 冰区）/46.8～47.2（15mm 冰区）
年平均应力百分比		25%（10mm 冰区）/22.8%～23.0%（15mm 冰区）

（2）地线。一根采用 JLB20A-150 铝包钢绞线，另一根采用 OPGW-150 光缆，JLB20A-150-19 地线参数见表 1-2。

表 1-2　　　　　　　　　　JLB20A-150-19 地线参数表

项目	参数
结构［股数×直径（mm）］	19×3.15
截面（mm²）	148.05
外径（mm）	15.75
计算质量（kg/m）	0.9894
拉断力（kN）	178.57
弹性模量（MPa）	147 200
线膨胀系数×10^{-6}（1/℃）	13.0
20℃直流电阻（Ω/km）	0.5807
最大使用应力（N/mm²）	302（10mm 冰区）/347（15mm 冰区）
安全系数	4.0（10mm 冰区）/3.47（15mm 冰区）
年平均应力（N/mm²）	144.8～164.9（10mm 冰区）/130.0～154.7（15mm 冰区）
年平均应力百分比	12.0%～13.6%（10mm 冰区）/10.8%～12.8%（15mm 冰区）

（3）绝缘子串。该线路直线塔均采用复合绝缘子，串型为单、双联 210、300kN 和 400kN 合成 V 型悬垂绝缘子串。导线耐张串采用双联 550kN 盘式或长棒型瓷绝缘子，进龙门架松弛档采用双联 160kN 盘式瓷绝缘子。跳线采用笼式硬跳线，跳线串采用 160kN 双 V 型悬垂绝缘子串。线路采用的各种绝缘子参数见表 1-3～表 1-5。

表 1-3　　　　　　　　　　盘型绝缘子主要参数一览表

绝缘子代号	U550BP/240H	U160BP/170T
盘径 D（mm）	380	360
公称结构高度 H（mm）	240	170
公称爬电距离 L（mm）	635	545
连接标记	32	20
规定机电（械）破坏负荷（kN）	550	160
逐个拉伸试验负荷（kN）	275	80
正极性直流 1min 湿耐受电压（kV）	60	55
雷电冲击耐受电压（kV）	150	140
正、负极性直流 1min 干耐受电压（kV）	150	140
瓷劣化率/自爆率（%）	0.01	0.01

表 1 - 4　　　　　　　　　　　　　　長棒型瓷绝缘子主要参数一览表

绝缘子型号	LG125/20＋19/1730
额定机械破坏负荷（kN）	550
逐个拉伸试验负荷（kN）	440
最小电弧距离（mm）	1362
最小公称爬电距离（mm）	5625
直流 1min 湿耐受电压（kV）	165
雷电冲击耐受电压（kV）	750
结构高度（mm）	1730
杆径（mm）	ϕ125
小伞径（mm）	ϕ239
大伞径（mm）	ϕ269
连接标记	32L
单只质量（kg）	129

表 1 - 5　　　　　　　　　　　　　　复合绝缘子主要参数一览表

绝缘子型号	FXBW－±660/160	FXBW－±660/210	FXBW－±660/300	FXBW－±660/400
额定电压（kV）	±660	±660	±660	±660
公称结构高度（mm）	9200	9200	9200	9200
绝缘距离（mm）	8654	8654	8522	8467
均压装置间距离（mm）	8504	8504	8372	8317
公称爬电距离（mm）	≥38 400	≥38 400	≥38 400	≥38 400
连接标记	20	20	24	28
芯棒直径（mm）	28	28	30	34
额定机械负荷（kN）	160	210	300	400
逐个拉伸试验负荷（kN）	80	105	150	200
湿直流 1min 耐受电压（kV）	750	750	750	750
雷电全波冲击耐受电压（kV）	2800	2800	2800	2800
湿操作冲击耐受电压（kV）	1800	1800	1800	1800
可见电晕电压（kV）	750	750	750	750
伞形结构	一大两小	一大两小	一大两小	一大一中四小
均压装置材料	铝合金	铝合金	铝合金	铝合金
均压装置外径/管径（mm）	高压端小环：ϕ232/ϕ32；低压端大环ϕ560/ϕ60	高压端小环：ϕ232/ϕ32；低压端大环ϕ560/ϕ60	高压端小环：ϕ232/ϕ32；低压端大环ϕ560/ϕ60	高压端小环：ϕ232/ϕ32；低压端大环ϕ560/ϕ60
防鸟害型均压装置（是/否）	是	是	是	是
每只质量（含均压装置）（kg）	76.1	76.1	78.9	84.7

（4）塔型。分别按 10mm 冰区和 15mm 冰区采用两个系列塔型。

1）10mm 冰区有六种直线塔型，分别为 ZP2711、ZP2712、ZP2713、ZP2714、ZP2715、ZP2716；耐张塔有四种塔型，分别为 JP2711、JP2712、JP2713、JP2714；直线转角塔型为 ZJP2711。

2）15mm 冰区有五种直线塔型，分别为 ZP2751、ZP2752、ZP2753、ZP2754、ZP2755；耐张塔有四种塔型，分别为 JP2751、JP2752、JP2753、JP2754；直线转角塔型为 ZJP2751；终端塔型为 DT。

（5）基础。基础采用岩石嵌固基础、全掏挖基础、柔性大板基础、岩石锚杆基础、土锚杆基础等型式。

三、系统接线及其参数

银川东换流站接入西北电网示意图如图 1-1 所示。

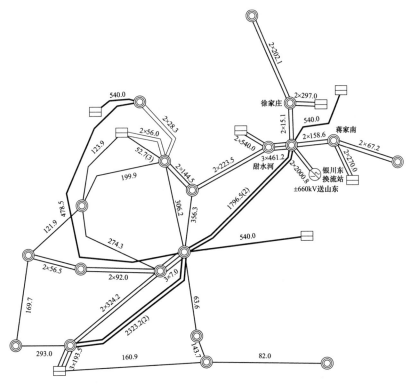

图 1-1 银川东换流站接入西北电网示意图

◎—变电站；▭—发电厂

胶东换流站接入山东电网示意图如图1-2所示。

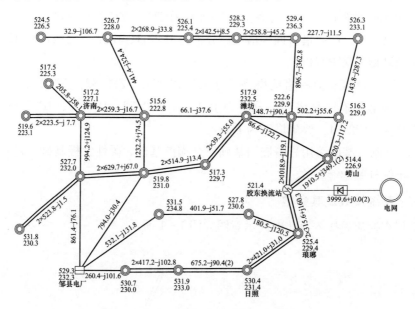

图1-2 胶东换流站接入山东电网示意图

◎—变电站

换流站交流母线的稳态电压变化范围和换流站交流母线的短路电流水平见表1-6。

表1-6 交流系统电压和换流母线短路电流

交流系统电压（kV）			换流母线短路电流（kA）				
参数	银川东	胶东	参数	水平年	银川东	水平年	胶东
额定运行电压	345	515	三相最大	2020	63	2020	63
最高稳态电压	363	525	三相最小	2020	30	2020	17.5
最低稳态电压	330	500	—	—	—	—	—
最高极端电压	363	550	—	—	—	—	—
最低极端电压	315	475	单相最大	2020	63	2020	63

换流站双极每极1个12脉动换流器接线。银川东换流站的直流额定运行电压为±660kV，在功率正送方式下，降压方式除外，传输功率从最小功率至额定功率时，考虑所有可能误差在内的直流运行电压最高不应超过680kV［1.03倍（标幺值）］，定义为平波电抗器出线侧直流极母线与直流中性点间的电压。在规

定的环境条件下，该线路双极运行正向全压能够传输 4000MW 的额定功率，双极反送能够传输 3600MW 的功率。换流变压器额定阻抗为 18％时，直流主回路基本参数见表 1-7，直流控制参数见表 1-8。

表 1-7　　　　　　换流变压器额定阻抗为 18％时直流主回路基本参数

参数	单位	银川东换流站	胶东换流站
额定功率	MW	3960	
额定直流电压	kV	±660	～±635
额定直流电流	A	3000	
每极 12 脉动阀组数		1	1
阀组理想空载电压	kV	379.25	365.44
单相双绕组换流变压器容量	MVA	397.15	382.69
换流变压器阀侧额定（线）电压	kV	280.83	270.60
每极换流变压器台数		6+1	6+1
换流变压器额定阻抗		18％	18％
分接头级数		+27/−5	+28/−4
每极平波电抗器电感值	mH	300（干式可多台串联）	
额定工况下阀吸收无功	Mvar	2356	2275

表 1-8　　　　　　换流变压器额定阻抗为 18％时直流控制参数

描述		范围/值
额定触发角		15°
触发角 α 的稳态控制范围		±2.5°
控制系统的最小限制角		5°
额定熄弧角		17°
分接头变化一挡对应的整流侧直流电压变化范围	功率正送方式	±1.25％U_{dRN}
	功率反送方式	±1.25％U_{dRN}
分接头变化一挡对应的直流电流变化范围	功率正送方式	±1.25％I_{dN}
	功率反送方式	±1.25％I_{dN}

该线路正送时过负荷能力如下：

（1）最高环境温度下，冷却备用投入时，长期过负荷能力达到 1.05 倍额定功率。最高环境温度下，备用冷却不投入时，2h 过负荷能力达到 1.1 倍额定功率。

（2）最高环境温度下，3s 暂态过负荷能力达到 1.4 倍额定功率。

（3）该线路功率反送时，最高环境温度下，冷却备用不投入时，在不增加工程投资的前提下尽量提高长期过负荷能力。双极正送或反送运行时，直流系统的最小连续输送功率水平都为396MW。单极正送或反送运行时，直流系统的最小连续输送功率水平都为396MW。

在规定的交流系统正常稳态限值内，直流系统应能达到上述传输能力，功率测量点在平波电抗器直流线路侧。在极端限值条件下直流系统应能安全启/停。

四、直流系统运行方式

直流系统从银川东换流站向胶东换流站输送功率（即功率正送方式）可由以下方式组成：

（1）双极运行方式。

（2）单极大地回路运行方式。

（3）单极金属回线运行方式。

五、直流线路沿线地形地貌

±660kV 银东直流输电工程途经宁夏、陕西、山西、河北、山东 5 省区 43 个县（市）。

宁夏地处黄土高原与内蒙古高原的过渡地带，地势南高北低。从地貌类型看，南部以流水侵蚀的黄土地貌为主，中部和北部以干旱剥蚀、风蚀地貌为主，是内蒙古高原的一部分。境内有较为高峻的山地和广泛分布的丘陵，也有由于地层断陷又经黄河冲积而成的冲积平原，还有台地和沙丘。地表形态复杂多样，宁夏地形中丘陵占 38％，平原占 26.8％，山地占 15.8％，台地占 17.6％，沙漠占 1.8％。被誉为"塞上江南"的宁夏平原，海拔约 1100～1200m，地势从西南向东北逐渐倾斜。黄河自中卫入境，向东北斜贯于平原之上，河势顺地势经石嘴山出境。平原上土层深厚，地势平坦，加上坡降相宜，引水方便，便于自流灌溉。

陕西省位于我国中部，是我国的内陆省之一，60％的面积属于黄河流域。全省东西宽 150～500km，南北长约 870km，与山西、内蒙古、宁夏、甘肃、四川、湖北、河南等七个省区毗邻，成为连接西北、西南的天然枢纽。陕西地貌总的特点是南北高，中间低，西北高，东南低，由西向东呈倾斜状。北部为黄土高原，南部为秦巴山地，中部为关中平原。陕北黄土高原东以黄河为界，南北两面以省界为限，约占全省土地总面积的 45％，海拔 900～1500m。黄土高原上沟壑纵横，支离破碎，形成典型的原、梁、峁、沟等黄土地形。关中平原又称渭河平原。它南倚秦岭，北界北山，西起宝鸡峡，东至潼关，东西长约 360km，约占全省土地总面积的 19%，平原海拔 520m。关中平原以土地肥沃、农业发达著称，号称"八百里秦川"，是陕西的主要农业基地。

山西省境内山峦叠嶂，丘陵起伏，沟壑纵横，大部分为山区和丘陵，东部太行山、西部吕梁山纵贯南北。山西省是典型的黄土广泛覆盖的山地高原，地势东北高西南低，高原内部起伏不平，河谷纵横，地貌类型复杂多样，有山地、丘陵、台地、平原，山多川少，山地、丘陵面积为 12.5 万 km²，占全省总面积的 80.1%，平川、河谷面积仅 3.1 万 km²，占 19.9%。全省大部分地区海拔在 1500m 以上，最高点为五台山主峰北台顶（叶斗峰），海拔 3058m，有华北屋脊之称；最低点为垣曲县亳清河入黄河处的河滩，海拔仅 180m。与东部海拔几十米的华北大平原相对照，山西地貌呈现整体隆起的地势，在高原中部，分列着一列雁行排列的断陷盆地。中部断陷盆地把山西高原斜截为二，东西两侧为山地和高原，使山西的地貌截面轮廓很像一个"凹"字。

河北省地处中纬度沿海与内陆交接地带，高原、山地、丘陵、盆地、平原类型齐全，从西北向东南依次为坝上高原、燕山和太行山地、河北平原三大地貌单元，其中坝上高原属蒙古高原一部分，地形南高北低，平均海拔 1200~1500m，面积 1.5954 万 km²，占全省总面积的 8.5%。燕山和太行山山地，包括中山山地区、低山山地区、丘陵地区和山间盆地四种地貌类型，海拔多在 2000m 以下，高于 2000m 的孤峰类有 10 余座，其中小五台山高达 2882m，为全省最高峰。山地面积 9.028 万 km²，占全省总面积的 48.1%。河北平原区是华北大平原的一部分，按其成因可分为山前冲洪积平原区、中部中湖积平原区和滨海平原区三种地貌类型，全区面积 8.1459 万 km²，占全省总面积的 43.4%。

山东的地形复杂，以山地丘陵为主，东部是半岛，西部及北部属黄河平原，山地和丘陵约占全省总面积的 33%，其余三分之二主要是平原。山东地形中部突起，为鲁中南山地丘陵区；东部半岛大部是起伏和缓、谷宽坡缓的波状丘陵，为鲁东丘陵区；西部、北部是黄河冲积而成的平原，是华北平原的一部分，为鲁西北平原区。鲁中南山地丘陵区位于沂沭大断裂带以西，黄河、小清河以南，京杭大运河以东，是全省地势最高、山地面积最广的地区，主峰在千米以上的泰、鲁、沂、蒙诸山构成全区的脊背。因诸山偏于北部，故北坡陡、南坡缓，中低山外侧，地势逐渐降低，为海拔 500~600m 的丘陵，多山顶平坦的"方山"地形，丘陵的边缘则是海拔 40~70m、地表倾斜的山前平原，最后没入坦荡的华北平原中。鲁东丘陵区位于沭河、潍河谷地以东，三面环海，除海拔700m以上的崂山、昆嵛山、艾山等少数山峰耸立在丘陵地之上，其余大部分海拔200～300m的波状丘陵，地表起伏和缓。鲁西北平原区位于河湖带以西，黄河、小清河以北，环布于鲁中南山地丘陵区西北两面，地势低平，海拔70m左右。利津的宁海以东为现代黄河三角洲，每年向海延伸约2～3km。山东除黄河三角洲与莱州湾沿岸外，滨海地貌都是以断裂上升和海积作用为主的海岸，从成山角至岚山头，主要是曲折的岩石海岸。

　　±660kV银东直流输电工程线路经过区域最高海拔1900m，主要跨越我国第二和第三级阶梯，其中宁夏境内海拔平均在1300～1800m；陕西境内海拔平均在800～1300m之间；山西平均海拔在1000m左右；河北坝上高原平均海拔为1200～1500m，平原地段平均海拔为400m；山东境内以平原为主，平均海拔在100m以下。±660kV银东直流输电工程线路沿线地形比例为高山大岭7.3%、一般山地27.3%、丘陵10.3%、平地53.5%、沙漠1.5%。

　　线路经过区域最高海拔1900m。线路先后跨越500kV线路14回次，跨越330kV线路11回次，跨越220kV线路47次，跨越高速公路24次，跨越铁路26次，跨越等级公路127次，跨越河流73次，黄河大跨越1次。±660kV直流输电工程线路跨黄河塔示意图如图1-3所示。

图1-3　直流输电线路跨黄河塔正立面图

　　综上所述，±660kV银东直流输电工程路径地址条件较为复杂，加之多次跨越输电线路、河流、铁路和公路，同时地势起伏较大，沿线海拔变化范围较宽，其中线路跨越了两个冰区、三个风区，这就给±660kV银东直流输电工程线路的运行维护工作带来了相当大的困难。尤其是带电作业工作，其带电作业工具配备、工具运输、人员安排、作业程序、带电作业时的最小安全距离，都要根据具体线路路段情况进行部署和安排。

第二节　带电作业及其发展史

一、带电作业的概念

IEC 60050 – 651：1999《Electrotechnical terminology – Live working》和GB/T 2900.55—2002《电工术语 带电作业》中将"带电作业"这个术语定义为"工作人员接触带电部分的作业或工作人员用操作工具、设备或装置在带电作业区域的作业"。《中国电力百科全书》中对"输电线路带电作业"这一名词进行解释时，使用了："为必须不间断供电而在带电的输电线路进行的维修工作"这样的字句。换言之，所谓带电作业，具有二层意思，其一，电气设备包括输电线路、配电线路和变电站的电气设备，必须是带电而不是停电的状态；其二，是对带电的电气设备进行检修、安装、调试、改造及测量工作的通称。

带电作业是在电气设备带电的状态下进行的检修、安装、调试、改造及测量工作，它有别于一般意义下，即停电状态下的检修、安装、调试、改造及测量工作。其原因是电气设备处于带电的状态下，作业人员必须在带电作业区域内进行工作，而带电的电气设备所产生的电场、磁场以及电流有可能会对作业人员的身体产生严重影响。因此，必须对进入带电作业区域内进行工作的人员采取有效的防护措施，才能确保在带电作业区域内作业的工作人员的安全。这一点正是带电作业与一般作业的最大区别。

由于带电作业人员经过了专门训练，使用特殊工具，按照科学的程序作业，保证了人体与带电体及接地体之间不形成危及人身安全的电气回路，同时，对作业人员采取了对强电场的防护措施，为作业人员提供了无害和良好的工作环境。因此，带电作业人员可以身心愉快地在带电的电气设备上进行各种检修、安装、调试、改造及测量工作。

带电作业的产生源于生产实践的需要，但带电作业的发展却离不开理论的指导和科学的实践。世界各国带电作业的创建和发展历史无一例外地证实了理论和实践相结合的重要性。带电作业技术需要研究高压静电场、直流离子流电场、电磁感应、静电屏蔽以及人体在电场、磁场和电流的影响下的反应，以及各类阈值，同时对各种安全作业方式和作业人员的防护措施要进行重点研究。所有带电作业科学研究成果和带电作业生产实践经验必须经过去粗存精、去伪存真和不断总结提高的过程，才能编制成相应的标准，以便更好地指导带电作业科研和生产实践。

二、带电作业范围及内容

（一）带电作业范围

带电作业的范围包括发电厂/变电站电气设备、架空输电线路、配电线路和配电设备。带电作业技术的发展，首先是从配电线路上开始，然后发展到输电线路，再向变电站延伸的。开展带电作业的电压等级也是由低到高，先在配电线路，然后到高压输电线路，再发展到超高压输电线路，以致到特高压输电线路；由交流到直流，逐渐发展并成熟起来的。

（二）带电作业内容

（1）输电线路：

1）在导线上开展的项目：①带电校紧螺栓、补装销钉；②带电修补、压接导线；③带电更换间隔棒；④带电摘除异物。

2）在直线塔上开展的项目：①带电更换直线塔绝缘子串；②带电清扫，水冲洗绝缘子。

3）在耐张塔上开展的项目：①检测不良绝缘子；②带电更换单片瓷（玻璃）绝缘子；③带电更换整串瓷（玻璃）绝缘子串。

（2）变电站（所）：

1）测试更换隔离开关和避雷器。

2）测试变压器温升及介质损耗值。

3）检修断路器。

4）滤油及加油。

（3）其他等电位试验。

三、带电作业意义

1. 保证不间断供电

带电作业无需设备停电，可保证对用户连续供电，对电网则不影响经济运行方式，是降损节点的有效措施之一。过去，电气设备发生故障，哪怕是线路一片绝缘子损坏，也需要停电更换，众多用户受影响。带电作业技术出现以后，发现设备缺陷或者异常，可以及时处理，保证供电可靠和连续。

2. 加强检修的计划性

由于停电检修与用户用电有矛盾，不能经常停电进行检修，且每次停电时间有限。因此，大多停电检修是集中地、不均衡地突击进行，每次检修时需要处理的缺陷多，集中劳动力多。推行带电作业技术后，设备检修不再受时间限制，可充分做好一切准备工作，提高了检修的计划性，保证了检修质量。

3. 提高供电可靠性

带电作业可以及时消除设备缺陷，减少停电检修次数与时间，提高了电网供电的可靠性，满足了电力客户对用电稳定性的要求。

4. 避免事故发生

带电作业可避免误操作、误登有电设备的事故。误操作发生在复杂的倒闸操作中，误登有电设备事故发生在多回线路一回线路停电的作业中，带电作业不存在此类事故发生的温床。

四、国外带电作业发展史

目前，世界上已有 80 多个国家开展了带电作业的研究与应用，其中美国、中国、日本、加拿大、法国、英国、德国、瑞士、比利时、意大利及澳大利亚等 40 多个国家已广泛应用带电作业技术。

（一）美国的带电作业发展史

世界上最早开展带电作业的国家是美国。早在 1923 年，美国人就开始在 34kV 配电线路上探索进行带电作业。美国人当时使用的是木质操作棒，采用地电位方法进行作业。干燥的木质棒，由于其绝缘性能良好，完全能够耐受相对地电压，尽管当时制造的工具显得粗糙且笨重，但毕竟开创了带电作业的先河。之后，美国人在一段时间内的带电作业，仅在 22kV 和 34kV 配电线路上进行。直到 1930 年，美国才出现了 66kV 输电线路上的新项目。随着新型绝缘材料，尤其是环氧玻璃纤维绝缘材料的问世，20 世纪 50 年代末，美国在带电作业用工具中开始采用环氧玻璃纤维绝缘材料制成的带电作业工具，并陆续开始在 345、500kV 及 765kV 超高压线路上进行带电作业，这期间一直采用地电位作业的方法。在 1960 年，美国首先进行试验研究并实现了等电位作业的方法，但等电位作业的方法在长达十几年的时间里一直处于试验研究阶段，直到 1978 年，等电位作业的方法才在美国全国范围内推开。目前，美国已经在 765kV 及以下各个电压等级的线路上广泛开展带电作业,并进行了 1000kV 特高压人体接触带电体的试验。

(二)日本的带电作业发展史

日本开展带电作业是在 20 世纪 40 年代初期,日本采用引进美国带电作业技术的方式,然后消化吸收,再创造自己的特点。初期日本的带电作业工具和作业项目,几乎与美国一模一样。1962 年,日本开始在 220kV 输电线路上开展带电作业,到 1972 年,已经能在 500kV 超高压输电线路上自由进行带电作业了。日本在配电线路开展的带电作业最具特色,他们开发的配电带电作业工具不仅门类繁多,而且系列和规格齐全,尤其是防护用具和遮蔽用具,适用于各个配电电压等级。日本的带电水冲洗装置和水冲洗方法在世界上居于先进水平。日本的大多数变电站都安装有固定水冲洗装置,甚至于 500kV 变电站都装有固定水冲洗装置,而清扫输电线路绝缘子串的清洗工具有 40 余种,其中仅清扫 500kV 长串耐张绝缘子串的自动清洗机都有数种之多。

(三)前苏联的带电作业发展史

前苏联于 20 世纪 50 年代初期才开展带电作业的试验研究。1955 年前后,开始在 35～110kV 木杆线路上更换直线木杆和耐张杆木横担。1970 年前后,研究成功了采用绝缘水平梯进入高电位的等电位作业方法,应用在 220kV 及以下的线路上。之后十余年,前苏联的带电作业发展缓慢,直到成功建设了 1150kV 特高压输电线路,才将带电作业逐渐推广到 330、500、750kV 超高压输电线路和1150kV 特高压输电线路上。前苏联是世界上唯一开展过特高压输电线路带电作业的国家。

(四)欧洲国家的带电作业发展史

法国自 1960 年以来就成立了带电作业技术委员会和带电作业试验研究所,由国家培训中心负责进行带电作业的培训。输电线路运行维护工作的 70％ 和超高压线路运行维护工作的 80％ 都是通过带电作业完成的。德国从 1971 年开始采用带电作业,目前从配电线路到超高压送电线路都开展带电作业项目。在意大利和丹麦等国也都有专门的带电作业培训机构进行专门的带电作业培训。

五、我国带电作业发展史

我国的带电作业技术起步于 20 世纪 50 年代,当时正处于国民经济恢复和发展的初期。由于发电量迅速增长,供电设备明显不足,大工业用户对连续供电的要求日益严格，常规的停电检修因而受到限制。当时，我国最大的钢铁基地鞍山，停电尤为困难。为解决线路要检修而用户又不能停电的矛盾，当时称之为"不停电检修技术"应运而生。

1953年，鞍山电业局的工人开始研究带电清扫、更换和拆装配电设备及引线的简单工具。

1954年，采用类似桦木的木棒来制作的工具完成了3.3kV配电线路不停电更换横担、木杆和绝缘子的项目。尽管工具显得十分笨重粗糙，但却成功地进行了3.3kV配电线路的地电位带电作业，也是第一次实现带电作业。

1956年，带电作业进一步发展到带电更换44～66kV的木质直线杆、横担和绝缘子。

1957年10月，东北电业局设计了第一套220kV高压输电线路带电作业工具，并成功应用于220kV高压输电线路的带电作业。同时3.3～33kV木杆和铁塔线路的全套检修工具，也得到了改进和完善，这就为各级电压线路推行不停电检修奠定了物质和技术基础。

1958年，当时的沈阳中心试验所开始了人体直接接触导线检修的试验研究。在学习国外经验的基础上，解决了高压电场的屏蔽问题，并在试验场成功地进行了我国第一次人体直接接触220kV带电导线的等电位试验，首次在220kV线路上完成了等电位作业和修补导线的任务。这次等电位带电作业的试验成功，开创了中国带电作业的新篇章。从此，等电位带电作业技术在中国带电作业中得到了广泛的应用。

1959年前后，鞍山电业局又在3.3～220kV户外输配电装置上，研究出了一套不停电检修变电设备的工具和作业方法。至此，中国带电作业技术已发展成为3.3～220kV包括输电、变电、配电三方面的综合性检修技术。

1960年辽吉电管局制定了《高压架空线路不停电检修安全工作规程》，成为我国第一部具有指导性的带电作业规程。它标志着我国带电作业已步入正轨。在此期间，全国范围内的不停电检修工作从单纯的技术推广转入结合本地区具体条件和生产任务创新发展阶段。检修方法除了间接作业和直接等电位作业外，又向水冲洗、爆炸压接等方向迈进。检修工具从最初的支、拉、吊杆等较笨重的工具转向轻便化、绳索化。具有东方特色的绝缘软梯和绝缘滑车组也得到了广泛应用。作业项目向更换导线、架空地线、移动杆塔和改造塔头等复杂项目进军。

1964年11月，在天津举行了带电检修作业表演，对促进全国范围内推广这些新技术产生了积极影响。

1966 年，水利电力部生产司在鞍山召开了全国带电作业现场观摩表演大会，标志着全国带电作业发展到普及阶段，同时也推动带电作业向更新更深的领域发展。

1968 年，鞍山电业局成功试验沿绝缘子串进入 220kV 强电场的新方法。用这些方法在具备一定条件的双联耐张绝缘子串上更换单片绝缘子很方便，因而，很快被推广到全国。

1973 年，水利电力部又在北京召开了第二次全国带电作业经验交流会。这次会议的技术组提出了带电作业安全技术专题的讨论稿，为制定全国性带电作业规程奠定了技术基础。

1977 年，水利电力部将带电作业纳入安全工作规程，进一步肯定了带电作业技术安全性。同年，中国带电作业开始与国际交往，参加了国际电工委员会带电作业工作组的活动，成立了 IEC/TC 78 标准国内工作小组，从事带电作业有关标准的制定工作。1984 年 5 月，中国带电作业标准化委员会成立。1979 年，我国开始建设 500kV 电压等级的输变电工程，有关单位相应开展了 500kV 电压等级的带电作业研究工作。此后不久，500kV 带电更换直线绝缘子串、更换耐张绝缘子串、修补导线等工作方法和工器具都已研制成功，并进入实施阶段。

2000 年，华北电网有限公司首次研究实现了 500kV 紧凑型线路带电作业。

2004 年，国家电网公司在沈阳举办了带电作业 50 周年庆祝大会，国内新、老专家和各省带电作业专责人汇聚一堂，会上武汉高压研究院、华北电网有限公司、上海电力公司、东北电网公司分别作了带电作业专项科研成果等发言，鞍山供电公司进行了 10kV 配电线路带电作业表演。

2005 年，华北电网有限公司首次研究实现了 220kV 紧凑型线路带电作业。

2007 年，华北电网有限公司又研究实现了 500kV 线路直升机带电作业，这一成果达到了国际领先水平。

2006～2009 年，上海市电力公司、北京电力公司研究并实施了 10kV 配电线路完全不停电作业法。

2008 年，国家电网公司组织了新中国成立以来最大规模的 220、500kV 输电线路带电作业比武竞赛。国家电网公司下属地市级以上供电单位均参与此次不同级别竞赛。带电作业工作得到更广泛地交流和发展。

2008～2009 年，西北电网研究实施超高压交流 750kV 线路带电作业。华中、华北开始研究实施特高压交流 750kV 线路带电作业。直流±500、±800kV 等输电线路带电作业也在研究实施中。

2009 年底，国家电网公司规范了带电作业培训工作，对带电作业培训基地进行认证工作，只有被国家电网公司批准的带电作业实训基地方可进行带电作业人员培训考核发证，被批准带电作业实训基地核发的带电作业证件才是唯一合法有效的证件。没有被批准的各级培训单位，只能进行周期内的考核培训，不能核发带电作业证件。

2011 年，山东电力集团公司顺利完成了世界首次±660kV 直流等电位带电作业。中央电视台新闻联播、新闻直播间、山东电视台、新华社等各大媒体现场报道了这场世界首个±660kV 电压等级的等电位带电作业。

随着我国经济、技术的快速发展，中国的带电作业技术会有更为广阔的发展前景。

第三节　带电作业基本原理

带电作业时，作业人员在设备带电条件下进行工作，存在较大的危险因素。通过了解并掌握带电作业的工作原理，能够有效控制作业中的风险，对带电作业人员安全、高效地开展工作具有指导作用。

一、高压电场及静电感应

（一）高压电场

带电作业时，作业人员在设备带电条件下进行工作，高压带电体周围产生高压电场，电场的特性、强弱、变化等强烈影响作业人员。因此，研究高压电场的基本特性和变化，是研究如何对位于不同工况工作的带电作业人员进行电场防护的需要。

1. 电场的基本特性

电场是电荷及变化磁场周围空间里存在的一种特殊物质，相对于观察者为静止的、且其电量不随时间而变化的电场为静电场。

直流电压下两电极之间的电场就是静电场。在工频电压下，两电极上的电量将随时间的变化而变化，两极之间的电场也随之变化。但由于其变化的速度相对于电子运动的速度而言是相对缓慢的，且电极间的距离也远小于相应的电磁波波长，因此对于任何一个瞬间的工频电场，可以近似地按静电场考虑。

电场的特性是对电荷有作用力。将一个静止电荷引入到电场中，该电荷就会受到电场力的作用。电场的强弱常用电场强度（简称场强）来描述。电场强度是电荷在电场中所受到的作用力与该电荷所具有的电量之比，以 E 表示。电场强度是一个矢量，具有方向性。

$$E = F/q \qquad (1-1)$$

电场强度的单位为 N/C 或 V/m，1N/C=1V/m。

电荷之间的电场分布图如图 1-4 所示。

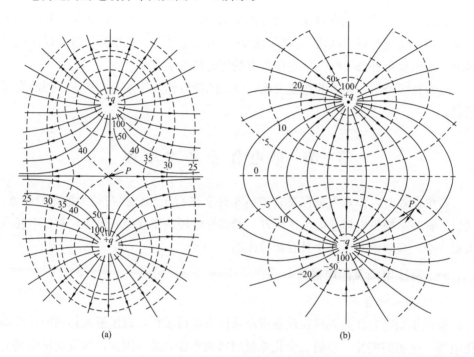

图 1-4 电荷之间的电场分布图

(a) 同性电荷的电场；(b) 异性电荷的电场

从图 1-4 可以看出，在任一电场中，电场线上任何一点，其切线的方向与该点电场强度方向一致，电场线从正极出发，到负极终止。电场线垂直于电极的表面，任何两条电场线都不会相交。电场线的疏密程度就表示了电场的强弱。

2. 均匀电场与非均匀电场

对于不同的带电作业，由于现场环境和带电设备布局的不同、带电作业工具和作业方式的多样、人员在作业过程中与带电体的相对位置不断变化，使带电作业中的高压电场具有各自不同的特点，这就需要了解带电作业各种工况中电场的变化和特征。

按电场的均匀程度，可将静电场分为均匀电场、稍不均匀电场和极不均匀电场三类。

在均匀电场中，各点的场强大小与方向都完全相同。例如，一对平行平板电极，在极间距离比电极尺寸小得多的情况下，电极之间的电场就是均匀电场（电极边缘部分除外）。均匀电场中各点的电场强度 E 为

$$E = U/d \qquad (1-2)$$

式中 U——施加在两电极间的电压，kV；

d——平板电极间的距离，m。

带电作业人员在带电作业过程中，与带电设备组成的主要电极结构有：导线—人与构架、导线—人与横担、导线与人—构架、导线与人—横担、导线与人—导线等。无论在输电线路上或变电站内进行带电作业，带电作业人员实际上都是处于非均匀电场，即稍不均匀电场和极不均匀电场之中。

在不均匀电场中，各点场强的大小或方向不同。根据电场分布的对称性，不均匀电场又可分为对称型分布和不对称型分布两类。在极不均匀电场中，一般以"棒—板"电极作为典型的不对称分布电场，以"棒—棒"电极作为典型的对称分布电场。

不均匀电场中各点场强随电极形状与所在位置而变化，所以通常采用平均场强 E_{av} 和电场不均匀系数 f 予以描述。电场不均匀系数 f 是最大场强与平均场强的比值，即

$$f = E_{max}/E_{av} \qquad (1-3)$$

稍不均匀电场与极不均匀电场之间没有十分明显的划分，对于空气介质，通常以 $f=2$ 为分界线。当 $f<2$ 时，可以认为是稍不均匀电场；当 $f>2$ 时，逐渐向极不均匀电场过渡；当 $f>4$ 时，则认为是极不均匀电场。

电场的不均匀程度与电极形状与极间距离有关。在电极形状相同的条件下，极间距离增大时，电场的不均匀程度随之增加。例如两个金属圆球间的电场：当极间的距离相对球的直径而言较小时，是稍不均匀电场；但当极间距离增大时，电场的不均匀程度逐渐增大，最后成为极不均匀电场。

对于空气介质，判断电场的不均匀程度可由间隙击穿前在高压电极周围是否发生电晕为依据。击穿前没有电晕现象为稍不均匀电场，击穿前发生电晕现象则为极不均匀电场。

3. 电场的畸变

导线至地面的空间电场分布极不均匀。图 1-5 是按单根导线平行地面架设的最理想状态按理论计算出的电位分布情况。由于对地高度与电场强度间存在指

数函数关系，因此在靠近导线附近 3％～9％ 的区域内是高电位区，其相应的场强分布规律是相同的。例如，距导线 1.5m 处场强为 12kV/cm（当 $U=127kV$ 时），距导线 0.2m 处场强却高达 84kV/cm，地面上 1.5m 处场强只有 3.4kV/m。

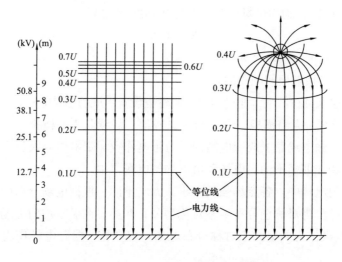

图 1-5　带电导线的电力线和等位线图

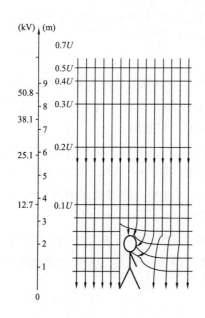

图 1-6　人员位于地面时人体引起的电场畸变

在作业人员未进入带电作业区域，即场强分布区域（见图 1-5），电力线是均匀的。而一旦人体进入场强分布区域，由于人体（人体是导体）占据了空间位置，人员身体的介入（人体可视为导体），使电场发生了畸变。

（1）人在地面上的电场畸变。图 1-6 是表现人体位于地面情况下体表场强及周围电位分布图。该图形是用静电场中作图法的基本法则按一定比例绘制而成，表示人体进入图中所示的外界电场后的电场畸变状态。

一部分电力线射向人体上，随人体表面稍远的地方，电力线会弯曲，最终射向地面。电力线的变化反映到等位线上，也相应地变形，在人体上方，电力线密度增加很多，表示场强增强。导线距地面 10m 高时，原来人体未进入前 1.8m 高度处的场强为 $E_{1.8}=3.54kV/m$，人体进入后，头顶的场强可达 63～77kV/m。头顶对整个身体而言是突出的尖端，因此落在头顶的电力线多、密度大、场强变高。所以，人体沿电场纵向突出部位的体表场强一定最高，而接触地面的部位体表场强最低。

（2）人在导线与地面间的电场畸变。图 1-7 是作业人员在进入等电位，人体向带电体运动过程中，人体处于导线与地面间空间时的电位分布图。此时，人体上部接受来自导线的电力线，而下部脚跟等末端却向地面发出电力线。等位线发生两种弯曲，头顶上部向上凸出，脚下向下凸出。其电力线的密度头顶和脚跟较大，其他部位有少量电力线射向人体或发出，但密度较低。因此，人体位于

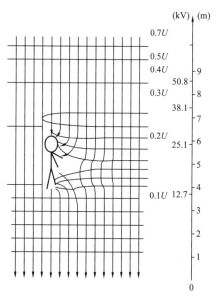

图 1-7 人员位于电场空间
时人体引起的电场畸变

电场空间，沿电场纵向的人体凸出部位，其体表场强较高，其他部位体表场强则不会太高。

（3）作业人员在等电位过程中的电场畸变。图 1-8 所表示的是人体已接近导线附近等电位前一瞬间及进入等电位后的电位分布图。转移电位（进入或脱离高电位）前的瞬间，由于导线附近场强较高，人体介入所引起的电场畸变使上举手指尖与导线间的空气间隙的平均场强值进一步加强，并随手的不断上移而快速升高。当其强度达到空气的临界击穿强度 $[E_c = 25～30\text{kV}（幅值）/\text{cm}]$ 时，空气间隙就会击穿而导致放电发生。放电前的最后一瞬间，手指尖端的体表场强达到最高值。发生放电前一瞬间的空气间隙长度称为火花放电距离 S_{fo}，发生放电后，随着人体不断逼近导线，放电也持续不断，直到手完全握住导线，空气间隙消失，放电才会停止。人体一旦与导线电位相等后，电场图形将从图 1-8（a）变到图 1-8（b）。原来许多由导线表面发出的电力线，马上改到由人体的足尖发出。此时足尖的电力线密度最高，标志着此处的体表场强最高。人体头部只要不超过导线，其体表场强是较低的，甚至人体附近的那段导线的表面场强也会降低，这是人体的屏蔽作用产生的后果。

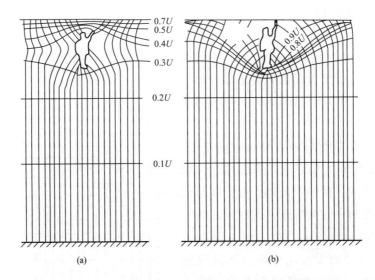

图 1-8　人体进入等电位过程中电位分布及电场畸变图

(a) 进入等电位前；(b) 进入等电位后

（二）静电感应

在高压、超高压和特高压输电线路以及变电站进行带电作业，静电感应可能会造成人体遭受电击而危及作业人员生命。因此，静电感应的物理参量、影响特征以及防护措施等是带电作业技术研究的重点。

1. 静电感应产生的物理现象

直流电场是典型的静电场，而工频交流电场则是一种缓慢变化的电场，也可以视为静电场，因此，在工频电场中也存在静电感应问题。

当导体处于电场中，表面产生感应电荷，感应电荷形成的电场与原来的电场叠加，使原来的电场产生畸变。由电场的计算可知，导体所引起畸变部分的电场将增大。导体的曲率半径越小，其表面的电场强度增大越多。例如，在实测电场中人体表面场强时，人的鼻尖、手指尖、脚尖等部位的表面都比人体其他部位的体表场强高得多。

2. 表征静电感应的物理量

（1）电场强度 E。由于静电感应是由电场引起的，因此为了便于描述输电、变电设备周围静电感应的水平，通常都采用电场强度 E 这一物理量。

（2）感应电压 U_i。在带电体周围的电场中，对地绝缘的导体因静电感应产生的感应电压值与导体的电压、导体的尺寸和几何形状、导体和带电体之间的电

容、导体和接地体之间的电容等因素有关，可以根据电容分压原理求出导体上的感应电压 U_i 为

$$U_i = U \cdot \frac{C_1}{C_1 + C_0} \qquad (1-4)$$

式中　　U——带电体上的电压，kV；

$\qquad C_1$——导体对带电体之间的电容，pF；

$\qquad C_0$——导体对地之间的电容，pF。

（3）感应电流 I_i。地面上的人在电场中，因静电感应产生流经人体而入地的感应电流 I_i，可以近似地由下式表示

$$I_i = U \cdot j\omega C_1' \qquad (1-5)$$

式中　　U——带电体上的电压，kV；

$\qquad C_1'$——人与带电体之间的电容，pF。

由于人与带电体之间的电容很小，所以流经人体的感应电流极小，通常都为微安级。

二、带电作业中的绝缘配合

虽然带电作业是间歇性的工作状态，却直接涉及作业人员人身安全，对确保安全要求较高，因此带电作业的环境及条件应考虑周全。一方面要考虑一般工作状态，另一方面需要考虑带电作业期间可能发生的各种不利状况，以提高带电作业的安全可靠性，避免发生安全事故。因此，研究过电压水平及限制措施和绝缘配合的原则和方法，是带电作业技术研究的又一重要内容。

考虑带电作业的绝缘配合时，在考虑原则上应有别于电气装备的长期工作状态。所以，带电作业中的过电压与绝缘配合应根据带电作业的实际工况留有足够的安全裕度。

（一）带电作业中的过电压

1. 过电压的类型

过电压类型分为内部过电压和外部过电压（主要是雷电过电压）。

内部过电压分为操作过电压和暂时过电压。操作过电压是由系统内的正常操作、切除故障操作或因故障（弧光接地等）所造成的过电压。暂时过电压又称短时过电压，包括工频电压升高和谐振过电压。

一般将内部过电压幅值与系统最高运行相电压幅值之比，称为内部过电压倍数 K_0，K_0 与电网结构、系统中各元件的参数、中性点运行方式、故障性质及操作过程等因素有关，并具有明显的统计性。

（1）操作过电压。操作过电压的特点是幅值较高，持续时间短，衰减快。电力系统中常见的操作过电压有中性点绝缘电网中的间歇电弧接地过电压、开断电感性负载（空载变压器、电抗器、电动机等）过电压、开断电容性负载（空载线路、电容器组等）过电压、空载线路切合（包括重合闸）过电压以及系统解列过电压等。操作过电压的大小是确定带电作业安全距离的主要依据。

1）间歇电弧接地过电压。单相电弧接地过电压只发生在中性点不直接接地的电网（一般 10kV 系统都是中性点不直接接地），如发生单相接地故障时，流过中性点的电容电流就是单相短路接地电流。当电网线路的总长度足够长、电容电流很大时，单相接地弧光不容易自行熄灭，又不太稳定，出现熄弧和重燃交替进行的现象，即间歇性电弧，这时过电压会较严重，所以一相接地多次发生电弧，不但会使另两相短路接地，还会引起另两相对地电容的振荡。理论上，如果间歇电弧一直发生，过电压会达到很高，而实际上，每次发弧不一定都在幅值，还有其他损耗衰减，所以一般不超过 $3U_{xg}$（U_{xg} 为相—地电压），个别达 $3.5U_{xg}$ 以上。

2）开断电感性负载过电压。进行切断空载变压器、电抗器、电动机、消弧线圈等电感性负载的操作时，储存在电感元件上的磁能 $\left(\overline{W}=\frac{1}{2}L i_1^2\right)$ 要转化为电场能量，而系统又无足够的电容来吸收磁能，而且开关的灭弧性太强，在 $t\rightarrow0$ 时，励磁电流变化率 $\frac{\mathrm{d}i_0}{\mathrm{d}t}\rightarrow\infty$（无穷大），将在励磁电感 L 上感应过电压 $U_1=-L\frac{\mathrm{d}i}{\mathrm{d}t}\rightarrow\infty$。在中性点不直接接地电网中，过电压一般不大于 $4U_{xg}$；中性点直接接地电网中，过电压一般不大于 $3U_{xg}$。其过电压倍数和断路器结构、回路参数、变压器结构接线、中性点接地方式等因素有关。

3）空载线路切合（包括重合闸）过电压。切合电容性负载，如空载长线路（包括电缆）和改善系统功率的电容器组，由于电容的反向充放电，使断路器触头断口间发生了电弧的重燃。这是因为纯电容电流在相位上超前电压 90°，过 1/4 周期电弧电流经 0 点时熄灭，但此时电压正好达到最大值，若开关断口弧隙的绝缘尚未恢复正常，电容电荷充积断口，$U=U_{xg}$，再经过半周期电压反向达到最大值，$U=2U_{xg}$，并伴随高频振荡过程。按每重燃一次增加 $2U_{xg}$，理论上过电压将按 3、5、7、9 倍相电压增加，而实际上过电压只有 $3\sim4U_{xg}$。因为断路器如果灭弧性能好，断口绝缘恢复快的，不一定全部重燃，而每次重燃时也不一定是电压最大值时。母线有多条时比只有一条时过电压小一些，另外线路上也有电晕和电阻损耗起阻尼作用。一般中性点直接接地或经消弧线圈接地的系统过电压不大于

$3U_{xg}$，中性点不接地系统过电压的最大值达 $3 \sim 3.5U_{xg}$。

（2）暂时过电压。暂时过电压包括工频电压升高和谐振过电压。

1）工频电压升高的幅值不大，但持续时间较长、能量较大，所以在考虑带电作业绝缘工具的泄漏距离时常以此为依据。造成工频电压升高的原因主要为不对称接地故障、发电机突然甩负荷、空载长线路的电容效应等。不对称接地故障是线路常见的故障形式，其中以单相接地故障为最多，引起的工频电压一般也最严重。对于中性点绝缘的系统，单相接地时非故障相的对地工频电压可升高到 1.9 倍相电压，对于中性点接地的系统可升高到 1.4 倍。

2）电网系统内一系列的电气设备（线路、变压器、发电机等）组成复杂的电感、电容振荡回路，在正常的情况下，由于负载的存在或线路两端与系统电源连在一起，自由振荡不可能发生。在操作或故障时，不对称状态下（如断线、非全相拉合闸、TV 饱和等），适当的参数组成了共振回路 $\left(\omega L = \dfrac{1}{\omega C}\right)$，激发很高的过电压，其必要条件是电路固有自振频率与外加电源频率相等，即 $f_0 = f\left(\dfrac{1}{2\pi\sqrt{LC}} = \dfrac{\omega}{2\pi}\right)$，或成简单分次谐波，电路中就出现了电压谐振。

常见谐振过电压有参数谐振、非全相拉合闸谐振、断线谐振等。谐振过电压事故是最频繁的，在 $35 \sim 330\text{kV}$ 电网中都会发生，一般不会大于 $3U_{xg}$，但持续时间比较长，会严重影响系统安全运行。

（3）雷电过电压。

1）感应雷电过电压。雷云接近输电线路上空时，在架空输电线路上将感应出与雷云电荷量相等但极性相反的电荷，称为束缚电荷。当雷云对地放电时，由于云中电荷很快中和，束缚电荷被释放，在输电线路上感应出极性与雷电流相反的过电压。架空线上的感应雷过电压波形及其幅值与导线、雷电流参数等多个因素有关。由于三相导线与雷击点距离基本相等，因此三相架空线上的感应雷过电压极性相同，波形相似，幅值相近。

2）反击雷电过电压。雷电流击中输电杆塔塔顶时，大部分雷电流沿杆塔流入大地。由于杆塔、避雷线波阻抗及接地电阻的存在，雷电流流过杆塔进入大地时，会在杆塔上产生很大的压降，使塔顶、横担的电位陡升。当绝缘子串两端所承受的电位差超过其冲击闪络电压时，绝缘子串发生闪络，导致输电线路发生接地故障，如图 1-9 所示。

3）绕击雷电过电压。雷电流直接击中输电导线时，由于大量雷电流注入，导致输电线路对地电压陡升。当绝缘子串两端承受的电位差大于绝缘子串冲击闪络电压时，绝缘子串发生闪络，导线通过杆塔对地放电，如图 1-10 所示。

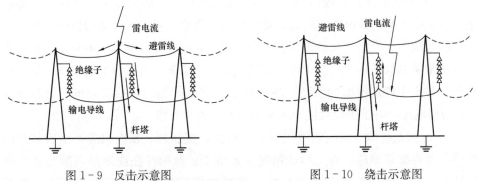

图 1-9　反击示意图　　　　　　　图 1-10　绕击示意图

2. 带电作业中的作用电压类型

电气设备在运行中可能受到的作用电压有正常运行条件下的工频电压、暂时过电压（包括工频电压升高）、操作过电压与雷电过电压。

《国家电网公司电力安全工作规程（线路部分）》中规定：如遇雷电（听见雷声、看见闪电）、雪、雹、雨、雾等，不准进行带电作业。带电作业时除不必考虑雷电过电压外，正常运行条件下的工频电压、暂时过电压（包括工频电压升高）与操作过电压的作用在带电作业时均应仔细考虑。

正常运行条件下，工频电压会发生某些波动，且系统中各点的工频电压并不完全相等，即网络中不同的点各不相同，系统中由于长线容升效应会使某些点的电压比系统的标称电压高，但所有相关标准都规定，系统中各点的工频电压不得超过设备最高电压。由于各个电压等级下的电压升高系数不完全一样，一般 220kV 及以下电压等级的电压升高系数为 1.15（66kV 例外，为 1.1），330kV 及以上电压等级的电压升高系数为 1.1（但 750kV 为 1.067，±500kV 直流系统则为 1.03）。即设备最高电压与系统标称电压之比为 1.03～1.15。

前面所叙及的操作过电压种类中，带电作业时不考虑线路合闸过电压。带电作业时一般停用重合闸，在这种工况下，不考虑线路重合闸过电压；而带电作业没有停用重合闸时，则应考虑线路重合闸过电压。因此，带电作业时电力系统的运行状况是带电作业、进行绝缘配合和安全防护的重要依据。

（二）带电作业中的绝缘配合

1. 带电作业中的绝缘类型

带电作业绝缘工具、装置和设备的绝缘一般可分为两类，一类为自恢复绝缘，另一类为非自恢复绝缘。

严格来说，带电作业中除塔头空气间隙、组合间隙为自恢复绝缘之外，一般带电作业绝缘工具、装置和设备的绝缘均为非自恢复绝缘，如绝缘操作杆、绝缘支拉吊杆、绝缘硬梯、绝缘软梯、绝缘托瓶架、绝缘斗臂车的绝缘臂、带电清扫机的绝缘支架等。绝缘外表面为空气时，当固体绝缘的沿面发生火花放电时，火花放电过后，绝缘能自动恢复，也就是说，发生在自恢复绝缘中的破坏性放电能自恢复。而发生在固体绝缘内部的放电，则为不可逆的绝缘击穿。故可以认为，绝缘操作杆、绝缘支拉吊杆、绝缘硬梯、绝缘软梯、绝缘托瓶架、绝缘斗臂车的绝缘臂、带电清扫机的绝缘支架等带电作业绝缘工具、装置和设备为由自恢复绝缘和非自恢复绝缘组成的复合绝缘。

2. 绝缘耐受能力

对绝缘操作杆、绝缘支拉吊杆、绝缘硬梯、绝缘软梯、绝缘托瓶架、绝缘斗臂车的绝缘臂、带电清扫机的绝缘支架等带电作业绝缘工具、装置和设备进行绝缘试验时，在50%放电电压下可能是非自恢复的，因为进行50%放电电压试验时所施加的电压值较高，例如进行带电作业空气间隙的50%放电电压试验，通常施加40次试验电压，其中约20次闪络放电；而在额定耐受电压下是自恢复的，不允许发生任何放电。所以对空气间隙、组合间隙的绝缘等自恢复绝缘进行50%的破坏性放电试验，而对带电作业用的工具、装置和设备绝缘等自恢复与非自恢复的混合型复合绝缘则进行15次冲击耐压试验。

3. 作用电压与耐受电压之间的配合

3～220kV电压范围内的带电作业用工具、装置和设备，其基准绝缘水平是按额定雷电冲击耐受电压和额定短时工频耐受电压给出的，因此能够满足正常运行电压和暂时过电压的要求。所以，对3～220kV电压范围内的带电作业用工具、装置和设备只需进行短时工频电压试验，时间为1min。这一电压等级范围内不规定操作冲击耐受试验。

330～750kV电压范围内的带电作业用工具、装置和设备需进行两种类型电压的试验。其一，进行较长时间的工频电压试验（产品型式试验的持续时间为5min、绝缘的预防性试验为3min），其原因是在这一电压范围内，绝缘应考虑暂时过电压的幅值及持续时间，同时考虑内绝缘的老化及外绝缘耐受污秽性能的适应性。其二，进行操作冲击电压试验，这里对空气间隙、组合间隙的绝缘等自恢复绝缘进行50%的破坏性放电试验；而带电作业用的工具、装置和设备绝缘等自恢复与非自恢复的混合型复合绝缘则进行15次冲击耐压试验，不允许发生任何闪络放电。这与一般电气设备的 15 次冲击耐压试验、允许不超过 2 次闪络放电的规定有较大不同。原因是带电作业直接涉及人身安全，安全要求相应提高，即 15 次冲击耐压试验的耐受概率更高。

4. 绝缘配合方法的选择

绝缘配合方法有确定性法（惯用法）、统计法及简化统计法。

（1）确定性法（惯用法）。按惯用法进行绝缘配合时，需要确定作用于工具、装置和设备上的最大过电压，工具、装置和设备绝缘强度的最小值，以及两者之间的裕度。在确定裕度时，应尽量考虑可能出现的不确定因素，这里并不要求估计绝缘可能击穿的故障率。这种绝缘配合方法，类似于给出一定安全系数。惯用法的适用范围，是非自恢复绝缘和 220kV 及以下电压等级的系统。

惯用法是目前采用得最广泛的绝缘配合方法，其基本出发点是使带电作业间隙或工具的最小击穿电压值高于系统可能出现的最大过电压值，并留有一定的安全裕度。

在绝缘配合惯用法中，系统最大过电压、绝缘耐受电压与安全裕度三者之间的关系为

$$A = \frac{U_{\mathrm{W}}}{U_{0,\mathrm{max}}} = \frac{U_{\mathrm{W}}}{U_{\mathrm{N}} \dfrac{\sqrt{2}}{\sqrt{3}} K_{\mathrm{r}} K_0} \qquad (1-6)$$

式中　　A——安全裕度；

U_{W}——绝缘的耐受电压，kV；

$U_{0,\mathrm{max}}$——系统最大过电压，kV；

U_{N}——系统额定电压（有效值），kV；

K_{r}——电压升高系数；

K_0——系统过电压倍数。

（2）统计法。统计法的根据是假定过电压和绝缘强度的概率分布函数是已知的，并可通过试验得到，利用在大量统计资料的基础上的过电压概率密度分布曲线，得到绝缘放电电压的概率密度分布曲线，然后用计算的方法求出由过电压引起绝缘损坏的故障概率，将允许的最大故障率作为绝缘设计的一个安全指标。在技术经济比较的基础上，正确地确定绝缘水平。

在带电作业中，通常将绝缘破坏的概率称为危险率。带电作业的危险率可由下式计算所得

$$R_0 = \frac{1}{2} \int_0^\infty P_0(U) P_{\mathrm{d}}(U) \mathrm{d}U \qquad (1-7)$$

$$P_0(U) = \frac{1}{\sigma_0 \sqrt{2\pi}} \cdot e^{-\frac{1}{2}\left(\frac{U-U_{av}}{\sigma_0}\right)^2} \tag{1-8}$$

$$P_d(U) = \int_0^U \frac{1}{\sigma_d \sqrt{2\pi}} \cdot e^{-\frac{1}{2}\left(\frac{U-U_{50}}{\sigma_d}\right)^2} dU \tag{1-9}$$

式中　$P_0(U)$——操作过电压幅值的概率密度分布函数；

　　　$P_d(U)$——空气间隙在幅值为 U 的操作过电压下放电的概率分布函数；

　　　U_{av}——操作过电压平均值，kV；

　　　σ_0——操作过电压的标准偏差，kV；

　　　U_{50}——空气间隙的 50% 放电电压，kV；

　　　σ_d——空气间隙放电电压的标准偏差，kV。

　　运用上述数学模型可编制计算程序，根据试验结果计算相应的带电作业危险率。在计算中，系统相对地最大操作过电压为 $U_{0.13\%}$，操作过电压平均值 U_{av} 可由下式计算

$$U_{av} = \frac{U_{0.13\%}}{1 + 3[\delta]} \tag{1-10}$$

式中　$[\delta]$——过电压相对标准偏差。

　　（3）简化统计法。由于实际工程中采用统计法进行绝缘配合相当繁琐和困难，因此通常采用简化统计法。由 IEC 推荐的简化统计法是，对过电压和绝缘电气强度的统计规律作出一些合理的假设（如正态分布），并已知其标准偏差等，这就使得过电压和绝缘电气强度的概率分布曲线可用与某一参考概率相对应的点来表示，称为统计过电压和统计绝缘耐压。在此基础上可以计算绝缘的故障率。

　　统计法、简化统计法适用于 330kV 及以上系统带电作业空气间隙、组合间隙及工具、装置和设备的操作过电压的绝缘配合。

三、带电作业中的安全防护

　　在进行输电、配电以及变电带电作业时，由于作业方式、作业场所、空间距离和电场分布的不同，带电作业的安全防护的要求和重点各有差异和侧重。输电线路带电作业的安全防护主要是针对电场和静电感应电击进行防护，带电作业安全防护大致有以下三类。

（一）电场的防护

　　带电导线、带电母线、带电引线以及带电设备的高压端都是带电体，带电体周围有电场产生，而电场的特性、强弱、变化等不仅强烈地影响作业人员，有时候由于防护不当，还会对作业人员造成致命的威胁。因此，作业人员在进行带电

作业时，必须对电场进行防护。

1. 人体处于电场中的感觉

电场的强弱会使位于电场中的人体具有不同的感觉，大体可分为针刺感、风吹感、蛛网感和异声感等四类。

（1）针刺感。人穿着绝缘鞋在强电场下的草地上行走，如果草尖接触到皮肤，就会产生不同程度的针刺感，其实这种感觉是身体上的感应电荷对草尖（接地体）放电引起的。同样，人握着金属骨架的太阳伞行走在强电场下，只要手指尖靠近金属部位，不仅会有强烈的刺痛感，还可看到明显的小小电火花产生，这就是人们称之为的阳伞效应。

（2）风吹感。如果将一个带有电荷的尖端导体靠近一支燃着的蜡烛，火焰会朝着带电导体的尖端偏移，好像有一股风在吹动火焰。人体位于电场中，感应电荷积聚在皮肤的汗毛上所引起的离子流运动，形成了对皮肤的吹风感觉。

（3）蛛网感。如果等电位作业人员面部没有采取屏蔽措施，当外界电场强度足够高，作业人员就有蜘蛛网粘在面部的感觉。如果用手抹拭面部，这种感觉就会立即消失，手一旦离开面部，这种感觉又会重复发生。这是因为在电场中人体面部汗毛积聚的同性电荷产生了排斥作用，使汗毛竖立并牵拉皮肤造成的感觉。当带有屏蔽手套的手拂过面部，则会使感应电荷短暂消失，手一离开，再次引发相同感觉。

（4）异声感。异声感是一种较为奇特的物理现象，一般发生在等电位作业人员使用金属扳手紧螺栓的工作中。这种现象只发生在作业人员握着扳手的手臂向外伸展的时刻，此时会听到一种类似运行中变压器所特有的"嗡嗡"声。据许多带电作业人员反映，"嗡嗡"的异声感与手中金属物件的尺寸、手臂伸出远近有关，更与晃动手中金属物件的快慢有关，可能是铁磁物在周期性变化的交流电场中产生的振动与人体耳膜发生共振所致。

2. 电场感知水平

当外界电场达到一定强度时，人体裸露的皮肤上就有微风吹拂的感觉发生，此时测量到的体表场强为 2.4kV/cm，相当于人体体表 $0.08\mu A/cm^2$ 的电流流入肌体。人体皮肤对表面局部场强的电场感知水平为 240kV/m，据试验研究，人站在地面时头顶部的局部最高场强为周围场强的 13.5 倍。一个中等身材的人站在地面场强为 10kV/m 的均匀电场中，头顶最高处体表场强为 135kV/m，小于人体皮肤的电场感知水平。所以，国际大电网会议认为，高压输电线路下地面场强为 10kV/m 时是安全的。原苏联规定在地面场强为 5kV/m 以下时工作时间不受限制，超过 20kV/m 的地方则需采取防护措施。我国《带电作业用屏蔽服及试验方法》中规定，人体面部裸露处的局部场强允许值为 240kV/m。

带电作业是指在带电的情况下，对输、配、变电设备进行测试、维护和更换部件的作业。要做到带电作业时不仅保证人身没有触电受伤的危险，而且也能保证作业人员没有任何不舒服的感觉，就必须注意以下要求：

（1）人体体表局部场强不超过人体的感知水平 240kV/m。

（2）与带电体保持规定的安全距离。

（二）电流的防护

1. 电流流经人体的感觉

如果人体被串接于闭合电路中，人体中就会流过电流，其大小按 $I_r = U/Z_r$ 计算。Z_r 为人体的阻抗，包括人体内阻抗和皮肤阻抗两部分。可以认为人体内阻抗基本上是电阻，仅有一小部分的电容分量。皮肤阻抗可看作是一阻容网络，随电压、频率、电流持续时间、接触面积、接触压力、皮肤湿度和温度的变化而变化。

表 1-9 给出的是在干燥条件下，接触面积为 50~100cm², 电流路径为手—手或手—脚的人体阻抗值。

表 1-9   人 体 阻 抗 Z_r

接触电压（V）	人体阻抗 Z_r（Ω）		
	低于下列数值的人数百分比		
	总人数 5%	总人数 50%	总人数 95%
25	1750	3250	6100
50	1450	2625	4275
75	1250	2200	3500
100	1200	1875	3200
125	1125	1625	2875
220	1000	1350	2125
700	750	1100	1550
1000	700	1050	1500

从表 1-9 中可看出，人体阻抗因人而异。在接触电压为 220V 时，有 5% 的人阻抗小于 1000Ω，50% 的人阻抗小于 1350Ω，95% 的人阻抗均小于 2125Ω。从安全出发，人体阻抗一般可按 1000Ω 进行估算。

流经人体电流的大小和持续时间的长短，使得人体有不同的生理反应。电流很小时对人体无害，用于诊断和治病的某些医用设备在使用时人体通过微量电流，称之为微电接触。当通过人体的电流较大，持续时间过长时，可使人受到伤害甚至死亡的电接触称之为电击。

电击对人体造成损伤的主要因素是流经人体的电流大小。电击一般分为暂态电击和稳态电击。

人体对工频稳态电流的生理反应可以分为感知、震惊、摆脱、呼吸痉挛和心室纤维性颤动，不仅与流经人体的电流大小有关，还与接触时间有关。

2. 电击产生生理反应的阈值

当人遭受电击后，其生理反应的特征见表 1-10。

表 1-10　　　　　　　　　　电击时电流大小与生理反应

电流（mA）	生理反应
0～0.9	无感觉
0.9～3.5	感到麻木，但并非病态
3.5～4.5	有些不适的麻和痛楚，轻微痉挛，反射性手指肌肉收缩
5.0～7.9	手感到有疼痛，表皮有痉挛
8.0～10.0	全手病态痉挛，收缩且麻木
10～12	肌肉收缩痉挛并能致肩部强烈疼痛（接触带电体时间不能超过30s）
13～14	手全部自己抓紧，须用力才能放开带电体（接触带电体时间不能超过30s）
15	手全部自己抓紧，不能放开带电体

随着流经人体电流幅值的增大以及时间的延长，电击使得人体生理反应逐渐强烈，其相应电流阈值见表 1-11。

表 1-11　　　　　　　人体对稳态电击产生生理反应的电流阈值　　　　　　　mA

生理反应	感知	震惊	摆脱	呼吸痉挛	心室纤维性颤动
男性	1.1	3.2	16.0	23.0	100
女性	0.8	2.2	10.5	15.0	100

心室纤维性颤动被认为是电击引起死亡的主要原因，但超过摆脱电流阈值的电流，也可以是致命的。因为此时人手已不能松开，使得电流继续流过人体，引起呼吸痉挛甚至窒息而导致死亡。

国际电工委员会（IEC）对交流电流下人体生理效应推荐值见表 1-12。其中，感知电流阈值与接触面积、接触条件（湿度、压力、温度）和每个人的生理特征有关，心室纤颤电流阈值与电流的持续时间有密切关系。

表 1-12　　　　　　　　　IEC 对交流电流下人体生理效应的推荐值

人体生理效应		15～100Hz 交流电流（mA）
感知电流阈值		0.5
摆脱电流阈值		10
心室纤颤电流阈值	持续时间为 3s	40
	持续时间为 1s	50
	持续时间为 0.1s	400～500

暂态电击是人接触电场中对地绝缘的导体的瞬间，积累在导体上的电荷以火花放电的形式通过人体对地突然放电。这时，流过人体的电流是一频率很高的电流，由于这种放电电流变化复杂，所以，通常都以火花放电的能量来衡量其对人体产生危害性的程度。表 1-13 是人体对暂态电击产生生理反应的能量阈值。

表 1-13　　　　　　　　人体对暂态电击产生生理反应的能量阈值

生理效应	感知	烦恼	损伤或死亡
能量阈值（mJ）	0.1	0.5～1.5	25 000

3. 引起电击的电流防护

对电流的防护除了严格限制流经人体的稳态电流不超过人体的感知水平 1mA（1000μA）、暂态电流能量不超过人体的感知水平 0.1mJ 之外，尤其应注意绝缘物表面的泄漏电流不能超标。以下三点应引起高度关注：

（1）绝缘工具的泄漏电流。因绝缘工具的绝缘电阻率均在 $10^{13}\Omega\cdot cm$ 左右，所以正常工作时，只要工具的有效长度满足《国家电网公司电力安全工作规程（电力线路部分)》的要求，流过绝缘工具的泄漏电流只有几微安。但绝缘工具一旦严重受潮，电流将上升几个数量级，达到毫安级电流，就会危及人身安全。特殊设计的雨天作业工具在下雨条件下使用，因有防雨罩可限制泄漏电流过高增长，一般均控制在几百微安水平上。

防止绝缘工具泄漏电流增大伤人的措施，是在握手前加装警报器，泄漏电流达到告警数值时即发出警报，可停止使用。

（2）绝缘子串的泄漏电流。干燥洁净的绝缘子串，因其绝缘电阻甚至高达 500MΩ 以上，电容量又很小（约 50pF），所以其阻抗值很高，流过绝缘子串的泄漏电流只有几十微安。但在受到一定程度污秽后，在潮湿的气候条件下，泄漏电流就会剧增到毫安级。当塔上人员因摘除绝缘子挂点使人体接入泄漏电流回路中时，泄漏电流就会通过人体，影响安全。

防护的办法是先用短接线将泄漏电流接通入地，再去摘挂点。或者作业人员穿导电服和手套，让它们旁路绝缘子的泄漏电流，也能有效保护人身免受其害。

（3）在载流（即有负荷电流）的设备上工作的旁路电流。正常等电位作业，由于导线通过较大负荷电流，导线上某两点（例如与左右手尺寸相似的两点）间将会有电压降，由于导线两点间电阻很小，因此，电压也很低，工作人员同时接触这两点时，仅有一很小的电流流经过人体。但在异常情况下，这一电流也会达到较高数值。

（三）静电感应的防护

1. 静电感应引起的电击

带电作业人员在电场中工作时，因静电感应可能会遭受到电击。带电作业有两种基本工况，因此遭受的电击也有以下两种情况：

（1）人体对地绝缘。图1-11（a）是人体对地绝缘时的工况。由于人体电阻较小，在强电场中人体可视为导体。当人体对地绝缘时，因静电感应使人体处于某一电位（也即在人体与地之间产生一定的感应电压）。此时，如果人体的暴露部位（例如人手）触及接地体，人体上的感应电荷将通过接触点对接地体放电，通常把这个现象称为电击。当放电的能量达到一定数值时，就会使人产生刺痛感。穿绝缘鞋的作业人员攀登在线路杆塔窗口时就属于这种工况，由于离带电导线较近，人体上的感应电荷较多，如果用手触摸塔身铁梁时，手上就会产生放电刺痛感。

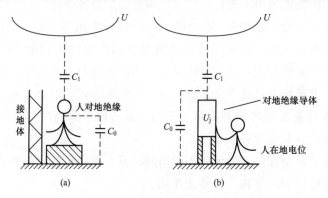

图1-11　静电感应使人体遭受电击的两种情况

(a) 人体对地绝缘；(b) 人体处于地电位时

（2）人体处于地电位。图 1-11（b）是人体处于地电位时的工况。对地绝缘的金属物体在电场中因静电感应而积累一定量的电荷，并使其处于某一电位。此时，如果处于地电位的作业人员用手去触摸，金属体上的感应电荷通过人体对地放电，同样使人遭受电击。地面作业人员在强电场中触摸悬空吊起的大件金具或停电设备上的金属部件时都属于这种工况。

2. 静电感应电击的防护

静电感应防护主要有两类措施：①为防止作业人员受到静电感应，应穿屏蔽服，限制流过人体电流，以保证作业安全；②吊起的金属物体应接地，保持等电位。塔上作业时，被绝缘的金属物体与塔体等电位，即可防止静电感应。具体防护措施如下：

（1）在 500kV 线路塔上作业应穿屏蔽服和导电鞋，离导线 10m 以内作业，必须穿屏蔽服和导电鞋。在两条以上平行运行的 500kV 线路上，即使在一条停电线路上工作，也应穿屏蔽服和导电鞋。

（2）在 220kV 线路上作业时，应穿导电鞋，如接近导线作业时，也应穿屏蔽服。

（3）退出运行的电气设备，只要附近有强电场，所有绝缘体上的金属部件，无论其体积大小，在没有接地前，处于地电位的人员禁止用手直接接触。

（4）已经断开电源的空载相线，无论其长短，在邻近导线有电（或尚未脱离电源）时，空载相线有感应电压，作业人员不准触碰，并应保持足够的距离。只有当作业人员使用绝缘工具将其良好接地后，才能触及空载相线。

（5）在强电场下，塔上带电作业人员接触传递绳上较长的金属物体前，应先使其接地。

（6）绝缘架空地线应当作有电看待，塔上带电作业人员要对其保持足够的距离。应先接地后，才能触碰。

四、带电作业基本原理及方法

（一）带电作业方式的分类

在带电作业中，电对人体的作用有两种：一种是在人体的不同部位同时接触有电位差（如相与相之间或相与地之间）的带电体时而产生的电流危害；另一种是人在带电体附近工作时，尽管人体没有接触带电体，但人体仍然会由于空间电场的静电感应而产生风吹、针刺等不舒适之感。经测试证明，为了保证带电作业人员不致受到触电的危险，并且在作业中没有任何不舒服的感觉安全进行带电作业，就必须具备三个技术条件：

（1）流经人体的电流不超过人体的感知水平 1mA（1000μA）。

（2）人体体表局部场强不超过人体的感知水平 240kV/m（2.4kV/m）。

（3）人体与带电体（或接地体）保持规定的安全距离。

1. 按人与带电体的相对位置来划分

带电作业方式根据作业人员与带电体的位置分为间接作业与直接作业两种方式。

间接作业是作业人员不直接接触带电体，保持一定的安全距离，利用绝缘工具操作高压带电部件的作业。从操作方法来看，地电位作业、中间电位作业、带电水冲洗和带电气吹清扫绝缘子等都属于间接作业。间接作业也称为距离作业。

直接作业是作业人员直接接触带电体进行的作业，在输电线路带电作业中，直接作业也称为等电位作业，在国外也称为徒手作业或自由作业，是作业人员穿戴全套屏蔽防护用具，借助绝缘工具进入带电体，人体与带电设备处于同一电位的作业。

2. 按作业人员的人体电位来划分

按作业人员的自身电位来划分，可分为地电位作业、中间电位作业、等电位作业三种方式。

地电位作业是作业人员保持人体与大地（或杆塔）同一电位，通过绝缘工具接触带电体的作业。这时人体与带电体的关系是：大地（杆塔）人→绝缘工具→带电体。

中间电位作业是在地电位法和等电位法不便采用的情况下，介于两者之间的一种作业方法。此时人体的电位是介于地电位和带电体电位之间的某一悬浮电位，它要求作业人员既要保持对带电体有一定的距离，又要保持对地有一定的距离。这时，人体与带电体的关系是：大地（杆塔）→绝缘体→人体→绝缘工具→带电体。

等电位作业是作业人员保持与带电体（导线）同一电位的作业，此时，人体与带电体的关系是：带电体（人体）→绝缘体→大地（杆塔）。

（二）带电作业原理

1. 地电位带电作业原理

地电位作业是指人体处于地（零）电位状态下，使用绝缘工具间接接触带电设备来达到检修目的的方法。其特点是：人体处于地电位时，不占据带电设备的空间尺寸。地电位作业的位置示意图及等效电路如图 1-12 所示。

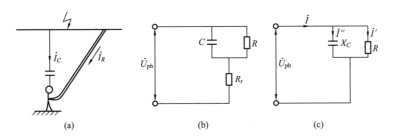

图 1-12　地电位作业的位置示意图及等效电路

(a) 示意图；(b) 等效电路图；(c) 简化电路图

作业人员位于地面或杆塔上，人体电位与大地（杆塔）保持同一电位。此时通过人体的电流有两条回路：其一，带电体→绝缘操作杆（或其他工具）→人体→大地，构成电阻回路；其二，带电体→空气间隙→人体→大地，构成电容电流回路。这两个回路电流都经过人体流入大地（杆塔）。严格地说，不仅在工作相导线与人体之间存在电容电流，另两相导线与人体之间也存在电容电流。但电容电流与空气间隙的大小有关，距离越远，电容电流越小，所以在分析中可以忽略另两相导线的作用，或者把电容电流作为一个等效的参数来考虑。

由于人体电阻远小于绝缘工具的电阻，即 $R_r \ll R$，人体电阻 R_r 也远远小于人体与导线之间的容抗，即 $R_r \ll X_C$。因此在分析流入人体的电流时，人体电阻可忽略不计。图 1-12 (b) 电路可简化为图 1-12 (c) 所示电路。设 $\dot{I}'$ 为流过绝缘杆的泄漏电流，$\dot{I}''$ 为电容电流，那么流过人体总电流是上述两个电流分量的相量和，即

$$\dot{I} = \dot{I}' + \dot{I}'' \tag{1-11}$$

$$\dot{I}' = \dot{U}_{ph}/R$$

$$\dot{I}'' = \dot{U}_{ph}/X_C$$

带电作业所用的环氧树脂类绝缘材料的电阻率很高，如 3640 型绝缘管材的体积电阻率在常态下均大于 $10^{12}\,\Omega \cdot cm$，用其制作的工具的绝缘电阻均在 $10^{10} \sim 10^{12}\,\Omega$ 及以上。对于 10kV 配电线路，泄漏电流 I' 为

$$I' = 5.77/10^7 \approx 0.5\,(\mu A) \tag{1-12}$$

也就是说，泄漏电流仅为微安级。

间接作业时，当人体与带电体保持安全距离时，人与带电体之间的电容约为

$2.2 \times 10^{-12} \sim 4.4 \times 10^{-12}$F，其容抗为

$$X_C = 1/(\omega C) = 1/(2\pi f_C) \approx 0.72 \times 10^9 \sim 1.44 \times 10^9 (\Omega) \qquad (1-13)$$

则电容电流为

$$I'' = 5.77 \times 10^3/(1.44 \times 10^9) \approx 4(\mu A)$$

即间接作业时，人体电容电流也是微安级。故 $I' + I''$ 的相量和也是微安级，远远小于人体电流的感知值 1mA。

以上分析计算说明，在应用地电位作业方式时，只要人体与带电体保持足够的安全距离，且采用绝缘性能良好的工具进行作业，通过工具的泄漏电流和电容电流都非常小（微安级），这样小的电流对人体毫无影响。因此，足以保证作业人员的安全。

但是必须指出的是，绝缘工具的性能直接关系到作业人员的安全，如果绝缘工具表面脏污，或者内外表面受潮，泄漏电流将急剧增加。当增加到人体的感知电流以上时，就会出现麻电甚至触电事故。因此在使用时应保持工具表面干燥清洁，并注意妥当保管，防止受潮。

2. 中间电位工作原理

中间电位作业法是指人体处于接地体和带电体之间的电位状态，使用绝缘工具间接接触带电设备来达到其检修目的的方法。其特点是人体处于中间电位下，占据了带电体与接地体之间一定的空间距离，既要对接地体保持一定的安全距离，又要对带电体保持一定的安全距离。中间电位作业的位置示意图及等效电路如图 1-13 所示。

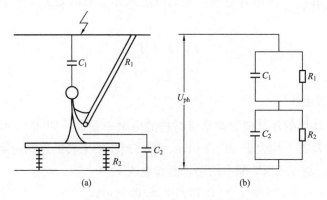

图 1-13　中间电位作业的位置示意图及等效电路

(a) 示意图；(b) 等效电路图

当作业人员站在绝缘梯或绝缘平台上时，用绝缘杆进行的作业即属中间电位作业，此时人体电位是低于导电体电位、高于地电位的某一悬浮的中间电位。

采用中间电位法作业时，人体与导线之间构成一个电容 C_1，人体与地（杆塔）之间构成另一个电容 C_2，绝缘杆的电阻为 R_1，绝缘平台的绝缘电阻为 R_2。

作业人员通过两部分绝缘体分别与接地体和带电体隔开，这两部分绝缘体共同起着限制流经人体电流的作用，同时组合空气间隙防止带电体通过人体对接地体发生放电。组合间隙由两段空气间隙组成。

一般来说，只要绝缘操作工具和绝缘平台的绝缘水平满足规定，由 C_1 和 C_2 组成的绝缘体即可将泄漏电流限制到微安级水平。只要两段空气间隙达到规定的作业间隙，由 C_1 和 C_2 组成的电容回路也可将通过人体的电容电流限制到微安级水平。

需要指出的是，在采用中间电位法作业时，带电体对地电压由组合间隙共同承受，人体电位是一悬浮电位，与带电体和接地体是有电位差的，在作业过程中，要注意：

（1）地面作业人员不允许直接用手向中间电位作业人员传递物品。这是因为：

1）若直接接触或传递金属工具，由于二者之间的电位差，将可能出现静电电击现象。

2）若地面作业人员直接接触中间电位人员，相当于短接了绝缘平台，使绝缘平台的电阻 R_2 和人与地之间的电容 C_2 趋于零，不仅可能使泄漏电流急剧增大，而且因组合间隙变为单间隙，有可能发生空气间隙击穿，导致作业人员电击伤亡。

（2）当系统电压较高时，空间场强较高，中间电位作业人员应穿屏蔽服，避免因场强过大引起人的不适感。但在配电线路带电作业中，由于空间场强低，且配电系统电力设备密集，空间作业间隙小，作业人员不允许穿屏蔽服，而应穿绝缘服进行作业。

（3）绝缘平台和绝缘杆应定期检验，保持良好的绝缘性能，其有效绝缘长度应满足相应电压等级规定的要求，其组合间隙一般应比相应电压等级的单间隙大20%左右。

3. 等电位作业的原理

由电造成人体有麻电感甚至死亡的原因，不在于人体所处电位的高低，而取决于流经人体的电流的大小。根据欧姆定律，当人体不同时接触有电位差的物体时，人体中就没有电流通过。从理论上讲，与带电体等电位的作业人员全身是同一电位，流经人体的电流为零，所以等电位作业是安全的。

当人体与带电体等电位后，假如两手（或两足）同时接触带电导线，且两手间的距离为 1.0m，那么作用在人体上的电位差即该段导线上的电压降。假如导线为 LGJ - 150 型，该段电阻为 0.000 21Ω，当负荷电流为 200A 时，那么该电位差为 0.042V，设人体电阻为 1000Ω，那么通过人体的电流为 42μA，远小于人的感知电流 1000μA，人体无任何不适感。如果作业人员是穿屏蔽服作业，因屏蔽服有旁路电流的作用，那么流过人体的电流将更小。

在等电位作业中，最重要的是进入或脱离等电位过程中的安全防护。带电导线周围的空间中存在着电场，一般来说，距带电导线的距离越近，空间场强越高。当把一个导电体置于电场之中时，在靠近高压带电体的一面将感应出与带电体极性相反的电荷，当作业人员沿绝缘体进入带电体时，由于绝缘体本身的绝缘电阻足够大，通过人体的泄漏电流将很小。但随着人与带电体的逐步靠近，感应作用越来越强烈，人体与导线之间的局部电场越来越高。当人体与带电体之间距离减小到场强足以使空气发生游离时，带电体与人体之间将发生放电。当人手接近带电导线时，就会看见电弧发生并产生啪啪的放电声，这是正负电荷中和过程中电能转化成声、光、热能的缘故。当人体完全接触带电体后，中和过程完成，人体与带电体达到同一电位，在实现等电位的过程中，将发生较大的暂态电容放电电流，其等值电路见图 1 - 14。

图 1 - 14 中，U_C 为人体与带电体之间的电位差，这一电位差作用在人体与带电体所形成的电容 C 上，在等电位的过渡过程中，形成一个放电回路，放电瞬间相当于开关 S 接通瞬间，此时限制电流的只有人体电阻 R_r，冲击电流初始值 I_{ch} 可由欧姆定律求得，即

$$I_{ch} = U_C / R_r$$

对于 110kV 或更高等级的输电线路，冲击电流初始值一般约为十几安至数十安培。由此可见，冲击电流的初始值较大，因此作业人员必须身穿全套

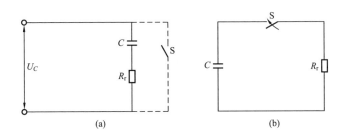

图 1-14　等电位过程的等值电路

(a) 进入等电位过程的电路图；(b) 实现等电位后的电路图

屏蔽服，通过导电手套或等电位转移线（棒）去接触导线。如果直接徒手接触导线，会对人体产生强烈的刺激，有可能导致电气烧伤或引发二次事故。当然，冲击电流是一种脉冲放电电流，持续时间短，衰减快，通过屏蔽服可起到良好的旁路效果，使直接流入人体的冲击电流非常小，而且屏蔽服的持续通流容量较大，暂态冲击电流也不会对屏蔽服造成任何损坏。一般来说，采用导电手套接触带电导线时，由于身穿屏蔽服的人体相距带电导线较近，相当于电容器的两个极板较近，感应电荷增多，因此其冲击电流也较大。如果作业人员用电位转移线（棒）搭接，人体可以对导线保持较大的距离，使感应电荷减小，中间电流也减小，从而避免等电位瞬间冲击电流对人体的影响。

在作业人员脱离高电位时，即人与带电体分开并有一空气间隙时，相当于出现了电容器的两个极板，静电感应现象同时出现，电容器复被充电。当这一间隙小到使场强高到足以使空气发生游离时，带电体与人体之间又将发生放电，就会出现电弧并发出啪啪的放电声。所以每次移动作业位置时，若人体没有与带电体保持同电位，都要出现充电和放电的过程。当等电位作业人员靠近导线时，如果动作迟缓并与导线保持在空气间隙易被击穿的临界距离，那么空气绝缘时而击穿、时而恢复，就会发生电容 C 与系统之间的能量反复交换，这些能量部分转化为热能，有可能使导电手套的部分金属丝烧断，因此，进入等电位和脱离等电位都应动作迅速。

等电位过渡的时间非常短，当人手与导线握紧之后，大约经过零点几微秒，冲击电流就衰减到最大值的 1% 以下，等电位进入稳态阶段。当人体与带电体等电位后，就好像鸟儿停落在单根导线上一样，即使人体有两点与该导电体接触，由于两点之间的电压降很小，流过人体的电流是微安级的水平，人体无任何不适感。从以上作业原理的分析来看，等电位作业是安全的，但在等电位的过程中，应注意以下几点：

（1）作业人员借助某一绝缘工具（硬梯、软梯、吊篮、吊杆等）进入高电位时，该绝缘工具应性能良好且保持与相应电压等级相适应的有效绝缘长度，使通过人体的泄漏电流控制在微安级的水平。

（2）其组合间隙的长度必须满足相关规程及标准的规定，使放电概率控制在十万分之一以下。

（3）在进入或脱离等电位时，要防止暂态冲击电流对人体的影响。因此，在等电位作业中，作业人员必须穿戴全套屏蔽用具，实施安全防护。

第四节　±660kV 直流带电作业特点及难点

一、输送容量大

银东直流输电工程自投运以来一直满负荷运行，额定电流为 3030A，额定输送容量达 4000MW，约占山东全省电网负荷的 9%，是实现西北电网与华北电网联网，将西北黄河上游水电及宁东火电打捆送往山东，实现资源优化配置的重大输电工程。工程建成投运后，一方面，宁夏每年向山东输送清洁电能达 220 亿 kWh 时，有利于缓解山东省电力供应紧张、能源资源短缺的压力，提高山东电网运行的经济性和可靠性，为山东经济社会发展提供可靠电力保障；另一方面，有利于缓解煤炭运输压力，减少山东省面临的环保压力，从整体上降低一次能源消耗，促进资源节约型和环境友好型社会建设。据初步测算，山东电网接纳宁东 4000MW 电力，每年可节约原煤 1120 万 t，减少二氧化硫排放 5.7 万 t，全省二氧化硫排放量降低 1.1%，山东省万元 GDP 能耗下降 1.8%。另一方面，工程的建成投运，将使西北与周边电网的联系更为紧密。西北地区经济发展相对落后，但能源资源丰富，电力外送是其支柱产业之一。该工程充分利用西北地区水电容量和丰富的煤炭资源，并有利于提高电网的安全稳定性，显著提升西北地区能源资源优化配置能力，是贯彻落实西部大开发战略、促进西部地区经济发展的有效方式。线路一旦停运，将对山东社会、经济造成较大影响，因此确保线路正常运行，确保带电作业绝对安全极其重要。

二、导线截面大，绝缘子串长

（一）大截面导线

根据《电力系统设计手册》，架空送电线路导线截面的选择一般从两方面考虑。首先根据系统输送容量确定导线截面可选范围，这是以经济电流密度为标准。同时根据电磁环境等约束条件进行校核，并考虑节能降耗的因素，以求把对环境的影响控制在允许范围内。

对导线截面进行技术经济综合选择，首先要充分利用现有成熟技术，考虑实际制造能力以及各种技术，满足线路输送电能的要求，保障线路能够安全可靠运行。

银东直流输电工程输送距离 1333km，线路首次采用 $4\times$JL/G3A-1000/45-72/7 型钢芯铝绞线，分裂间距 500mm，单导线的计算质量达 3.14t/km。

JL/G3A–1000/45–72/7（简称 1000mm²）与普通钢芯铝绞线相比，具有以下特点：

（1）电导率高。硬铝的电导率提高了 0.5 个百分点，达到了 61.5％IACS（IACS 为国际电工委员会规定的纯铜的电导率）。

（2）钢铝比大。铝股分为四层，铝钢比达到 23.3。

（3）铝股受力比重大。铝股受力占到额定拉断力的 73％。

根据理论计算，银东直流输电工程采用 $\pm$660kV 电压等级及 $4\times$1000mm² 大截面导线，在相同条件下其系统损耗为 6.7％。本工程直流线路如采用 $\pm$500kV 直流工程用的 $4\times$720mm² 导线，在相同条件下其系统损耗将达到额定输送容量的 8.7％。工程于 2011 年 2 月 28 日实现双极投运，根据现场实测数据，本工程在输送额定直流功率下系统损耗约为 6％（其中线损为 4.5％）。对比理论计算值及以往 $\pm$500kV 直流工程约 7.5％的实际系统损耗值，证明银东直流输电工程选用 $\pm$660kV 电路等级及 $4\times$1000mm² 大截面导线是合理的，节能效益明显。

由于 $\pm$660kV 银东直流输电工程采用了 $4\times$1000mm² 大截面导线，线路导线的垂直荷载大为增加。以 $\pm$660kV 银东直流输电工程平均档距 600m 进行计算，每档导线仅自重就达 7.536kN，如果加上冰荷载和风荷载，其综合载荷将会达到 20kN 多，这就给带电作业带来了相当大的困难。其中提升导线的工具需进行较大的变革，因为普通丝杠无法产生如此大的提升力，仅靠作业人员的臂力也无法实施提升导线的作业。因此提升导线的工具要在结构原理和材质上进行全新的设计，才能满足±660kV银东直流输电工程带电作业工作的需求。

（二）长绝缘子串

对±660kV直流线路绝缘子串的设计，应在绝缘子串的配置满足正常工况下的最大荷载的基础上，再考虑串型的绝缘配置。

1. 悬垂绝缘子串型的选择

就悬垂绝缘子而言，通常的绝缘子串型方案有V型串、I型串和Y型串等。大量的现场测试数据表明，在同样的污秽条件下，V型串绝缘子表面积污轻于I型串、Y型串。

由于我国第一条±660kV直流线路位于我国北方降雨量较少而沿线大部分污秽度又较重的地区，因此该工程线路全线采用V型串。

采用V型串时，海拔1000m以下，轻、中污区V型串串长为8.5m，重污区V型串串长为9.2m。

2. 耐张绝缘子串型的选择

工程采用导线型号为4×JL/G3A-1000/45-72/7，每极导线最大张力为339.036kN。耐张串最大使用荷载为365.2kN，导线耐张串需要的绝缘子联数见表1-14。

表1-14 导线耐张串需要的绝缘子联数

导线型式	最大荷载（kN）	绝缘子强度（kN）	联数
4×JL/G3A-1000/45-72/7	969（安全系数2.7）	300	4
		400	3
		550	2

比较各种耐张绝缘子串组合型式的优缺点可知：

（1）二联串型结构最为简单，且最为经济，是架空输电线路使用最多的串型结构。

（2）550kN盘型悬式绝缘子制造技术已成熟，且在线路工程中得到广泛应用，运行反应良好。

因此，±660kV直流线路耐张绝缘子串大多采用2×550kN的组合型式。

另外，按±500kV直流线路绝缘水平外推，采用爬电比距法和污耐压法两种方法对±660kV直流线路耐张盘式绝缘子片数进行配合，得出海拔1000m以下时，耐张绝缘子串片数分别为60片和72片（CA-785EX），串长度达 17～18m，如此长度的绝缘子串长，无论是悬垂绝缘子串或耐张绝缘子串，进行换整串或更换单片绝缘子作业，对绝缘托瓶架都提出了非常苛刻的要求。

按照带电作业工器具必须轻便、灵活、可靠的原则，常规材料制成的工器具难以满足±660kV 直流线路大截面导线及长绝缘子串带电作业的要求，需采用新型材料制作新型带电作业工器具，以满足带电作业的需求。

三、海拔范围宽

±660kV 银东直流输电工程线路最西端起自宁夏灵武，最东端至山东青岛沿海，途经河北、山西的太行山脉、陕西的黄土高原和戈壁荒滩，还有丘陵及平地。沿线地形比例：高山大岭占 7.3％、一般山地占 27.3％、丘陵占 10.4％、平地占 53.5％、沙漠占 1.5％，不同的地理条件形成±660kV 银东直流输电工程线路途经不同的海拔地域，见表 1-15。

表 1-15　　　　　　　　±660kV 银东直流输电工程线路途经海拔情况

海拔（m）	1000 以下	1000～1500	1500～2000	总计
长度（km）	681.6	514.8	135.3	1335
占比（%）	51.31	38.56	10.13	100

从表 1-15 中可以看出，银东直流输电工程线路海拔的范围很宽泛，最东端的胶东换流站接近海平面，海拔只有 23m 左右，而海拔最高点则接近 2000m，全线海拔在 1000m 以上的线路长度占到 48.69％。

根据《±660kV 直流输电线路带电作业技术导则》规定，±660kV 直流输电线路带电作业适用于海拔 1000m 及以下地区±660kV 直流输电线路的带电作业。在海拔 1000m 以上带电作业时，应根据作业区不同海拔，修正各类空气与固体绝缘的安全距离和长度、绝缘子片数等。±660kV 银东直流输电工程线路宽泛的海拔范围给带电作业工作带来巨大困难，尤其是海拔 1000m 以上区域占到 48.69％，在进行带电作业前必须进行修正和验算方可进行。

对于海拔 1000m 以下地区，带电作业工器具的最小绝缘长度、带电作业最小安全距离和带电作业最小组合间隙距离，一般按常规考虑。但对于海拔 1000～1500m 和海拔 1500～2000m 的区域，±660kV 直流输电线路的带电作业工器具的最小绝缘长度、带电作业最小安全距离和带电作业最小组合间隙距离则应根据不同海拔分别作出规定，并应在现场带电作业操作规程中予以明确。尤其应引起±660kV银东直流输电工程沿线运行维护单位的带电作业工作管理者的高度关注，不能出现带电作业工器具的最小绝缘长度、带电作业最小安全距离和带电作业最小组合间隙距离与现场实际海拔不匹配的情形。

第二章

±660kV 直流带电作业研究

第一节 带电作业安全距离及检修方式研究

一、试验准备

为研究±660kV 直流输电线路带电作业安全间隙，实验人员进行了大量的理论计算和现场试验，据此分析得出各种工况下±660kV 直流输电线路带电作业安全距离。

1. 试验塔型

±660kV 直流同塔单回输电线路直线塔典型塔型尺寸结构如图 2-1 所示，试验中据此加工模拟塔和进行试品布置。

2. 试验设备

试验是在国网电力科学研究院特高压户外试验场进行的。试验设备有：5400kV、527kJ 冲击电压发生器；5400kV 低阻尼串联阻容分压器；64M 型峰值电压表；TekTDS340 示波器。经校正，整个测量系统的总不确定度小于 3%。试验中采用波前时间为 $250\mu s$ 的正极性操作冲击波进行放电试验。试区布置见图 2-2。

试验中采用高强度角钢按设计塔型以 1:1 比例制作模拟塔头，6 分裂模拟导线长 10m，分裂半径 450mm，子导线半径 16.8mm，两端装有均压环，以改善端部电场分布。试验用模拟人由铝合金制成，与实际人体的形态及结构一致，四肢可自由弯曲，以便调整其各种姿态。模拟人站姿高 1.8m，身宽 0.5m。试区照片如图 2-3 所示。

3. 带电作业间隙操作冲击放电特性

IEC 60071—2：1996 Insulation Coordination Part2 Application Guide 推荐的空气间隙缓波前过电压绝缘特性经验公式如下

$$U_{50} = KU_{50RP} \qquad (2-1)$$

$$U_{50RP} = 500d^{0.6} \qquad (2-2)$$

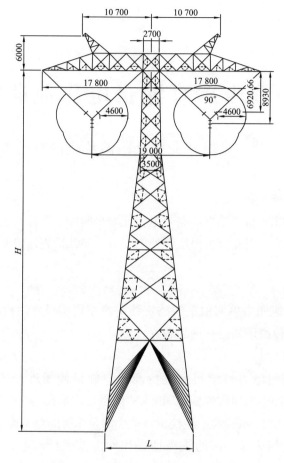

图 2-1 ±660kV 直流单回塔型图

H—呼称高；L—根开

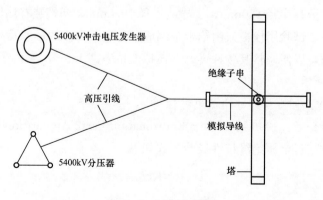

图 2-2 试区布置图

图 2-3　试区照片

式中　U_{50}——间隙的操作冲击 50％放电电压；

　　　d——空气间隙距离；

　　　K——间隙系数；

U_{50RP}——相应电压波形及间隙距离下棒－板间隙操作冲击 50％放电电压。

研究中，可根据各带电作业间隙结构的操作冲击放电试验数据，计算求取其间隙系数 K，得出该带电作业间隙结构的操作冲击放电电压计算式及拟合曲线。

4．带电作业绝缘配合

在交流输电线路中，受到系统相位角的影响，线路每次产生的操作过电压幅值为随机变量，服从统计分布规律；同时，作业间隙的放电电压也服从统计分布规律。因此，对于交流线路带电作业的绝缘配合方法，公认的方法是根据操作过电压与作业间隙放电电压的统计分布规律，将作业间隙受到一次操作过电压作用时发生的概率限制到可以接受到的微小程度。

由于直流输电线路操作过电压不受系统相位角的影响，线路每次产生的过电压幅值为一固定值。线路最大过电压为线路中点一极发生接地故障时，在健全极上产生的过电压。综合考虑，根据直流线路最大操作过电压，采用惯用法进行直流线路带电作业绝缘配合。惯用法是一种传统的习惯用法，基本出发点是使带电作业间隙的最小击穿电压值高于系统可能出现的最大过电压值，并留有一定的安全裕度。

我国现在普遍采用比试验得到的 U_{50} 低 3σ 的电压值作为带电作业间隙的耐受电压，以 U_{w} 表示，即

$$U_w = U_{50}(1 - 3\sigma) \tag{2-3}$$

式中 U_w——带电作业间隙的耐受电压;

  U_{50}——试验中得到的带电作业间隙50%放电电压;

  σ——带电作业间隙50%放电电压的标准偏差,一般偏严考虑,取6%。

因此,当作业间隙的耐受电压不小于直流线路的最大操作过电压时,即可保证带电作业间隙不会发生击穿,保证作业人员的安全,即

$$U_w \geqslant U_{max} \tag{2-4}$$

式中 U_w——带电作业间隙的耐受电压;

  U_{max}——直流线路最大操作过电压,为线路中点一极发生接地故障时,在健全极上产生的过电压。

5. 气象及海拔修正

在确定带电作业最小安全距离和最小组合间隙时,需考虑海拔的影响。海拔校正系数 K_a 采用 IEC 60071—2:1996 推荐公式,即

$$K_a = e^{m(\frac{H}{8150})} \tag{2-5}$$

式中 H——海拔,m;

  m——与间隙结构形式及电压幅值相关的系数,取值可以从图2-4中查出。

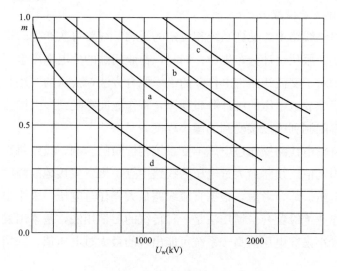

图2-4 海拔校正公式中 m 的取值曲线

a—相对地绝缘;b—纵绝缘;c—相间绝缘;d—棒—板间隙(标准间隙)

二、带电作业最小安全距离试验研究

安全距离是指为了保证人身安全，作业人员与不同电位的物体之间所应保持各种最小空气间隙距离的总称，包括地电位作业人员与带电体之间的距离和等电位作业人员与接地体之间的距离。

（一）带电作业安全距离的试验

带电作业安全距离试验是针对线路带电作业中可能出现工况下的间隙距离进行操作冲击放电试验，以检验各工作位置的间隙距离是否能够满足带电作业安全性的规定。

在±660kV 单回直流输电线路带电作业中，可能会涉及的带电作业安全距离包括等电位作业人员对其上方横担、等电位作业人员对侧面塔身构架和极导线对侧面塔身地电位作业人员之间的距离。

1. 等电位人员对其上方横担安全距离试验

等电位人员对其上方横担安全距离试验布置如图 2-5 所示，试验模拟人穿戴整套屏蔽服，采用站立姿势骑跨在模拟极导线上，模拟人用金属线与极导线连接，使其与极导线保持等电位，试验中保证模拟人头顶超出极导线处均压环上沿，试验中调节模拟人头顶与上方横担下沿的间隙距离，分别选取距离为 3.2、3.6、4.0、

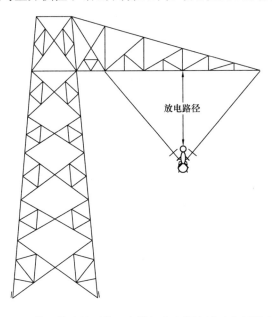

图 2-5　等电位人员对其上方横担安全距离试验布置示意图

4.4、4.8m 五个试验点进行操作冲击试验，试验现场如图 2-6 所示。试验结果见表 2-1，并根据试验结果得到该工况安全距离放电特性曲线，如图 2-7 所示。

图 2-6　等电位人员对其上方横担安全距离试验现场

表 2-1　　　　　　　　等电位人员对其上方横担安全距离试验结果

间隙距离 d（m）	操作冲击 50% 放电电压 U_{50}（kV）	变异系数 Z（%）
3.2	1174	3.9
3.6	1276	5.2
4.0	1347	4.7
4.4	1472	3.3
4.8	1536	4.6

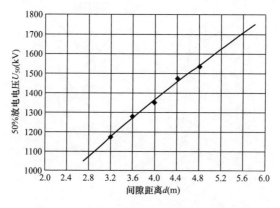

图 2-7　等电位人员对其上方横担安全距离操作冲击放电特性曲线

根据试验数据计算得出间隙系数 K 为 $1.17 \sim 1.20$，考虑安全裕度，取 K 为 1.17。由此，得到在此位置作业时操作冲击 50% 放电电压与间隙距离的关系为

$$U_{50} = 585d^{0.6} \qquad (2-6)$$

式中　U_{50}——操作冲击 50% 放电电压，kV；

　　　　d——放电间隙距离，m。

2. 极导线对侧面塔身地电位作业人员安全距离试验

极导线对侧面塔身地电位作业人员安全距离试验布置如图 2-8 所示，试验模拟人穿戴整套屏蔽服，采用坐姿位于塔身靠近极导线侧，模拟人背对塔身面向极导线，并与极导线基本保持水平，用金属线将模拟人与侧面塔身连接，使其保持地电位。试验中调节模拟人膝盖与极导线内侧均压环边沿的间隙距离，分别选取距离为 3.2、3.6、4.0、4.4、4.8m 五个试验点进行操作冲击试验，试验现场见图 2-9。试验结果见表 2-2，并根据试验结果得到该工况安全距离放电特性曲线，见图 2-10。

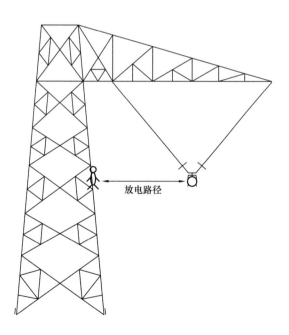

图 2-8　极导线对侧面塔身地电位人员安全距离试验布置示意图

图 2-9　极导线对侧面塔身地电位人员安全距离试验现场

表 2-2　　　　　极导线对侧面塔身地电位人员安全距离试验结果

间隙距离 d（m）	操作冲击 50% 放电电压 U_{50}（kV）	变异系数 Z（%）
3.2	1347	4.8
3.6	1458	4.2
4.0	1565	5.1
4.4	1633	3.9
4.8	1760	4.6

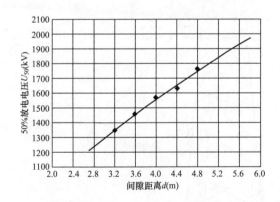

图 2-10　极导线对侧面塔身地电位人员安全距离操作冲击放电特性曲线

　　根据试验数据计算得出间隙系数 K 为 1.34～1.37，考虑安全裕度，取 K 为 1.34。由此，得到在此位置作业时操作冲击 50% 放电电压与间隙距离的关系为

$$U_{50} = 670d^{0.6} \tag{2-7}$$

式中　U_{50}——操作冲击 50% 放电电压，kV；

　　　　d——放电间隙距离，m。

3. 等电位作业人员对侧面塔身构架安全距离试验

等电位作业人员对侧面塔身安全距离试验布置如图2-11所示，试验模拟人穿戴整套屏蔽服，面向极导线，用金属线与极导线连接，使其与极导线保持等电位，并使模拟人的部分身体较之极导线内侧均压环更近于侧面塔身，避免试验时出现均压环对侧面塔身放电。试验中调节模拟人与侧面塔身的间隙距离，分别选取距离为3.2、3.6、4.0、4.4、4.8m五个试验点进行操作冲击试验，试验现场见图2-12。试验结果见表2-3，并根据试验结果得到该工况安全距离放电特性曲线，见图2-13。

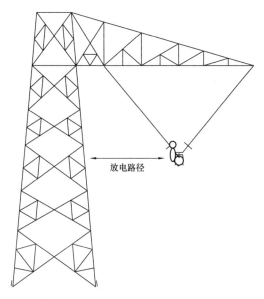

图2-11　等电位人员对侧面塔身安全距离试验布置示意图

图2-12　等电位人员对侧面塔身安全距离试验现场

表 2-3 等电位人员对侧面塔身安全距离试验结果

间隙距离 d (m)	操作冲击 50% 放电电压 U_{50} (kV)	变异系数 Z (%)
3.2	1266	5.0
3.6	1383	4.7
4.0	1466	4.8
4.4	1554	5.1
4.8	1655	4.0

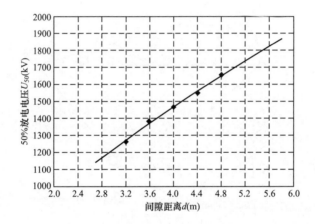

图 2-13 等电位人员对侧面塔身安全距离操作冲击放电特性曲线

根据试验数据计算得出间隙系数 K 为 1.26～1.29，考虑安全裕度，取 K 为 1.26。由此，得到在此位置作业时操作冲击 50% 放电电压与间隙距离的关系为

$$U_{50} = 630d^{0.6} \qquad (2-8)$$

式中　U_{50}——操作冲击 50% 放电电压，kV；

　　　d——放电间隙距离，m。

（二）带电作业最小安全距离

1. 等电位人员对其上方横担最小安全距离

根据等电位人员对其上方横担安全距离的操作冲击放电特性曲线，计算该工况的带电作业最小安全距离，并根据海拔修正公式将标准气象条件下的放电电压 U_{50} 修正到海拔 500、1000、1500、2000m 的高度，计算相应海拔下的最小安全距离，不考虑作业人员人体活动范围，计算结果见表 2-4。

表 2-4　　　　　　　　　　　　**等电位人员对其上方横担最小安全距离**

最大过电压（标幺值）	海拔（m）	放电电压 U_{50}（kV）	最小安全距离（m）
1.75	0	1442	4.5
1.75	500	1499	4.8
1.75	1000	1555	5.1
1.75	1500	1591	5.3
1.75	2000	1645	5.6

2. 极导线对侧面塔身地电位人员最小安全距离

根据极导线对侧面塔身地电位人员安全距离的操作冲击放电特性曲线，计算该工况的带电作业最小安全距离，并根据海拔修正公式将标准气象海拔条件下的放电电压 U_{50} 修正到海拔 500、1000、1500、2000m 的高度，计算相应海拔下的最小安全距离。不考虑作业人员人体活动范围，计算结果见表 2-5。

表 2-5　　　　　　　　　　　**极导线对侧面塔身地电位人员最小安全距离**

最大过电压（标幺值）	海拔（m）	放电电压 U_{50}（kV）	最小安全距离（m）
1.75	0	1445	3.6
1.75	500	1493	3.8
1.75	1000	1539	4.0
1.75	1500	1608	4.3
1.75	2000	1652	4.5

3. 等电位人员对侧面塔身最小安全距离

根据等电位人员对侧面塔身安全距离操作冲击放电特性曲线，计算该工况的带电作业最小安全距离，并根据海拔修正公式将标准气象海拔条件下的放电电压 U_{50} 修正到海拔 500、1000、1500、2000m 的高度，计算相应海拔下的最小安全距离。不考虑作业人员人体活动范围，计算结果见表 2-6。

表 2-6　　　　　　　　　　　**等电位人员对侧面塔身最小安全距离**

最大过电压（标幺值）	海拔（m）	放电电压 U_{50}（kV）	最小安全距离（m）
1.75	0	1447	4.0
1.75	500	1490	4.2
1.75	1000	1553	4.5
1.75	1500	1594	4.7
1.75	2000	1655	5.0

通过对±660kV单回直流输电线路各种工况下带电作业安全距离进行了试验，并根据不同作业位置安全距离的放电特性，结合线路相地过电压倍数1.75（标幺值），可计算得到海拔2000m以下地区±660kV单回直流输电线路带电作业最小安全距离如下：

（1）海拔1000m以下最小安全距离：等电位作业人员对其上方横担5.1m，极导线对侧面塔身地电位人员4.0m，等电位作业人员对侧面塔身构架4.5m。

（2）海拔1000～2000m最小安全距离：等电位作业人员对其上方横担5.6m；极导线对侧面塔身地电位人员4.5m；等电位作业人员对侧面塔身构架5.0m。

三、带电作业组合间隙试验研究

带电作业组合间隙试验是针对进入某一等电位作业位置通道的放电特性进行试验，考核该通道的安全性，确保作业人员安全。无论从地面通过软梯进入下相导线还是从导线外侧进入等电位，其组合间隙应足以满足安全性要求。±660kV单回直流输电线路进入等电位可采用吊篮、吊椅等从塔身侧面进入或从地面采用软梯、吊篮等进入，从地面进入等电位由于相、地间隙大，不必考虑进入过程的组合间隙，因此主要针对采用吊篮法从导线内侧塔身处进入等电位过程进行试验。

国网电力科学研究院曾做过大量试验，研究表明：对于某一组合间隙，在作业人员人体离开高压导线的某一位置处，该组合间隙具有最低的放电电压；无论是滑轨法、吊篮法，还是硬梯法，此类进入方式在作业人员进入等电位过程中最低放电位置在作业人员距离高压导线0.4m处，即S_2为0.4m。因此在组合间隙试验时，固定$S_2=0.4$m不变，通过改变S_1的距离来改变整个间隙距离S，进行操作冲击试验。

（一）吊篮法从侧面塔身进入等电位组合间隙试验

吊篮法从侧面塔身进入等电位组合间隙试验布置如图2-14所示，试验模拟人采用坐姿，固定模拟人与极导线内侧均压环间隙保持0.4m，模拟人头顶不超过均压环上沿，试验中调节塔身与模拟人的距离，分别选取组合间隙为3.2、3.6、4.0、4.4、4.8m五个试验点进行操作冲击试验，试验现场见图2-15；试验结果见表2-7，并根据试验结果得到吊篮法从侧面塔身进入等电位组合间隙放电特性曲线，见图2-16。

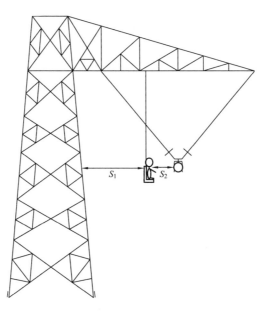

图 2 - 14　吊篮法从侧面塔身进入等电位组合间隙试验布置示意图

图 2 - 15　吊篮法从侧面塔身进入等电位组合间隙试验现场

表 2 - 7　　　　　　吊篮法从侧面塔身进入等电位组合间隙试验结果

间隙距离 $d=S_1+S_2$（m）	操作冲击 50％放电电压 U_{50}（kV）	变异系数 Z（％）
3.2	1258	3.6
3.6	1355	3.9
4.0	1476	3.6

间隙距离 $d=S_1+S_2$（m）	操作冲击50%放电电压 U_{50}（kV）	变异系数 Z（%）
4.4	1569	4.5
4.8	1630	4.3

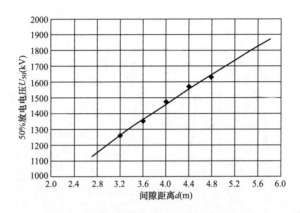

图2-16 下相吊篮法对侧面塔身组合间隙操作冲击放电特性曲线

根据试验数据计算得出间隙系数 K 为1.25～1.29，考虑安全裕度，取 K 为1.25。由此，得到在此位置作业时操作冲击50%放电电压与间隙距离的关系为

$$U_{50} = 625d^{0.6} \qquad (2-9)$$

式中 U_{50}——操作冲击50%放电电压，kV；

  d——放电间隙距离，m。

（二）吊篮法从侧面塔身进入等电位最小组合间隙

根据吊篮法从侧面塔身进入等电位组合间隙的操作冲击放电曲线，计算该工况的最小组合间隙，并根据海拔修正公式将标准气象海拔条件下的放电电压 U_{50} 修正到海拔 500、1000、1500、2000m 的高度，计算相应海拔下的最小组合间隙，不考虑作业人员人体活动范围，计算结果见表2-8。

表2-8 吊篮法从侧面塔身进入等电位最小组合间隙

最大过电压（标幺值）	海拔（m）	放电电压 U_{50}（kV）	最小组合间隙（m）
1.75	0	1457	4.1
1.75	500	1500	4.3
1.75	1000	1541	4.5

最大过电压（标幺值）	海拔（m）	放电电压 U_{50}（kV）	最小组合间隙（m）
1.75	1500	1602	4.8
1.75	2000	1661	5.1

通过对±660kV单回直流输电线路作业人员从塔身侧面进出等电位过程的组合间隙进行试验，并根据其放电特性，结合线路相地过电压倍数1.75（标幺值），计算得到海拔2000m以下地区±660kV单回直流输电线路带电作业最小组合间隙：海拔1000m以下最小组合间隙为4.5m；海拔1000～2000m时最小组合间隙为5.1m。

四、单回直流线路一极运行时停电极检修方式研究

（一）感应电压计算

1. 计算方法

根据±660kV单回和同塔双回直流输电线路的基本数据和工程要求，以成熟的电磁分析计算软件ATP/EMTP为基础，建立单回直流线路的数学模型，分析计算线路在不同工况下的感应电压。

±660kV直流输电线路全长1333km，导线导线采用4×JL/G3A—1000/45钢芯铝绞线，一根地线型号为LBGJ—150—20AC，另一根型号为OPGW—150，沿线平均土壤电阻率选500Ω·m。典型的单回线路杆塔结构见图2-1，杆塔的呼称高为45m。该杆塔的导、地线悬挂点和平均高度的参数见表2-9和表2-10。在ATP/EMTP中，根据线路参数搭建仿真模型。

表2-9　　　　　　　单回塔头布置的极、地线悬挂点高度　　　　　　　　m

导线	直线塔	耐张塔
地线 LBGJ—150—20AC	51	54
光缆 OPGW—150	51	54
极线	40	42

表2-10　　　　　　　单回塔头布置的极、地线平均高度　　　　　　　　m

导线	直线塔	耐张塔
地线 LBGJ—150—20AC	43	48
光缆 OPGW—150	43	48
极线	30	32

2. 停运极不同接地方式下静电感应电压计算

（1）停运极线路两端不接地。在停运极线路两端都不接地并且不考虑大地中一部分返回电流影响的情况下，从图2-17可以看出线路上感应电压为恒定值，为39 500V。

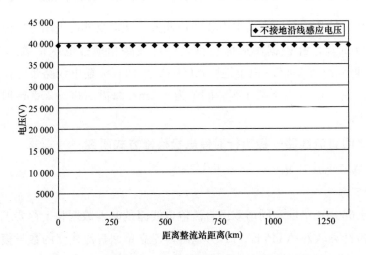

图2-17　停运极首端和末端都不接地时沿线电压分布

（2）停运极线路首端接地，末端不接地。在停运极线路首端接地的情况下，线路上的静电感应电压被接地消除了，通过计算得到停运极导线相对杆塔的电位接近于0，见图2-18。

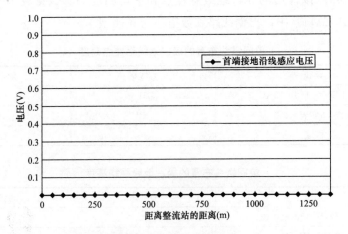

图2-18　停运极首端接地时沿线电压分布

（3）停运极线路首端不接地，末端接地。在停运极线路首端不接地而末端接地的情况下，停运极线路上电压分布的特点和停运极线路首端接地而末端不接地的电压分布的趋势相同，停运极线路对杆塔电压的电位接近于0。

（4）停运极线路首端与末端都接地。当停运极线路首端和末端都接地的情况下，线路上的静电感应电压为0，但是这种接地方式在实际检修过程中是不会考虑的，因为两端接地的停运极会对大地返回电流分流，这部分电流会在停运检修线路上产生一定的压降，该压降取决于大地回路的电阻与停运极线路的电阻，所以，一般不采取这种接地方式。

（二）检修方式与安全防护措施

当直流线路一极运行、一极停电检修时，停运极线路在两端没有接地的情况下，在停运极线路感应电压达到 39.5kV，且不采取接地措施的情况下，应视作为带电检修。作业人员进出检修线路时，按进出带电回路高电位的方式进行，作业人员需穿戴全套屏蔽服、用绝缘工器具进出高电位。在进入高电位后，作业人员应保持与接地构件足够的安全距离。杆塔构架上的地电位电工也应穿全套屏蔽服，向检修线路上作业的等电位电工传递工具或配合作业时，也应通过绝缘工器具进行，并与被检修线路保持足够的安全距离。

当停运检修极线路在首端和末端一点接地的情况下，停运极线路对杆塔静电感应电压为零。所以，对于停电检修极线路，可以根据需要在工作地点挂装便携式接地线。如工作点在杆塔处或杆塔两侧附近，可在杆塔处通过便携式短路接地线将工作极导线接地；如工作点距杆塔较远或在档距中央，可在工作点两端相邻的杆塔处通过便携式短路接地线将工作相停电导线接地。杆塔与便携式接地线的连接部分处塔材应接触良好。按停电检修方式作业，即作业人员进出检修线路时不需采用进出高电位的绝缘工具，也不必考虑与接地构件之间的安全距离，塔上电工与导线上电工配合作业不需限定用绝缘工器具。但是，无论是塔上电工还是导线上电工，都必须穿戴全套屏蔽服（包括导电鞋），一是对空间电场进行屏蔽防护；二是保持与导线或接地构件的同一地电位；三是当接触传递绳上的金属工具时，屏蔽服可旁路静电感应电流，防止因"麻电"引发二次事故。在停电回路两相邻杆塔接地前，作业人员不允许接触该线路，并应保持足够的距离，只有通过绝缘工具将临时接地线挂上，并检查良好接地后，才能触及该检修线路。选择的临时接地线的通流容量应满足要求，接地方式、步骤必须严格按规定进行。

（三）结论

通过研究得出以下结论：

（1）确定银东±660kV单回直流输电线路带电作业最大操作过电压为1.75（标幺值）。

（2）当线路相—地过电压倍数为1.75（标幺值）时，±660kV单回直流输电线路带电作业最小安全距离为：

1）海拔500m及以下地区，等电位作业人员对其上方横担4.8m，极导线对侧面塔身地电位人员3.8m，等电位作业人员对侧面塔身构架4.2m。

2）海拔500～1000m时，等电位作业人员对其上方横担5.1m，极导线对侧面塔身地电位人员4.0m，等电位作业人员对侧面塔身构架4.5m。

3）海拔1000～1500m时，等电位作业人员对其上方横担5.3m，极导线对侧面塔身地电位人员4.3m，等电位作业人员对侧面塔身构架4.7m。

4）海拔1500～2000m时，等电位作业人员对其上方横担5.6m，极导线对侧面塔身地电位人员4.5m，等电位作业人员对侧面塔身构架5.0m。

（3）当线路相—地过电压倍数为1.75（标幺值）时，±660kV单回直流输电线路带电作业吊篮法由塔身侧面进出等电位，海拔500m及以下地区最小组合间隙为4.3m；海拔500～1000m时最小组合间隙为4.5m，海拔1000～1500m时最小组合间隙为4.8m，海拔1500～2000m时最小组合间隙为5.1m。

（4）银东±660kV直流输电线路一极运行、一极停电检修时，停运极线路在两端没有接地的情况下，停运极线路感应电压达到39.5kV。若不采取接地措施的情况下，则应视作为带电检修。

当停运检修极线路在首端和末端一点接地的情况下，停运极线路对杆塔静电感应电压为零，可视为停电检修，根据需要在工作地点挂装便携式接地线。

第二节　±660kV直流输电线路带电作业安全防护

一、安全防护的重要性

安全防护是带电作业研究领域中十分重要的一环，通过20多年的研究与实践，目前对交流110～1000kV线路、直流±500kV线路带电作业人员安全防护技术已具有丰富的经验，但对于±660kV直流线路的安全防护尚需深入研究。由于±660kV直流线路不仅电压等级高，而且线路附近还存在着空间电荷及其定向移动所形成的离子流，因此有必要对±660kV直流线路带电作业环境进行分析，明确带电作业各环节安全防护的对象，研究并验证适用于±660kV直流线路带电作业的安全防护用具，制定±660kV直流线路带电作业安全防护措施。

对于±660kV直流线路，由于直流电压的恒定不变及不可避免的电晕存在，使空间出现带电粒子——空间电荷，这些空间电荷在直流电场的作用下，作定向移动形成空间离子流。此时导线表面或其附件的电荷在导线周围产生静电场，同时空间带电粒子形成了空间电荷电场。直流输电线路附近的电场为静电场与空间电荷电场综合作用的合成场，导线附近存在着大量的空间离子，带电作业过程中作业人员处于合成场中，因此防护合成场对作业人员的影响是带电作业安全防护应考虑的重点问题之一。

由于直流输电的特点，在直流输电线下几乎不存在电容耦合作用，这时在直流输电线路导线附近的空间电荷及其定向运动所形成的离子流对于空间电流起着决定性的作用。对于直流线路带电作业人员，通过人体的电流主要是穿透屏蔽服通过人体的空间离子电流，这一空间离子电流也应作为带电作业安全防护的对象。

电位转移即作业人员通过导电手套或其他专用工具从中间电位转移到等电位的过程，是带电作业进出等电位过程中最重要的环节。以往的带电作业研究成果表明，在电位转移的瞬间，作业人员与导线之间将出现电弧，并有较大的脉冲电流，如在此过程中防护措施不当，极有可能出现安全事故，因此电位转移过程中的脉冲电流也应作为带电作业安全防护需要考虑的问题。

根据上述的分析，作为作业人员最主要的安全防护用具，用于±660kV直流线路的带电作业安全防护用具必须具备对合成场、离子流、电位转移脉冲电流等对象进行防护的能力。因此必须在分析防护对象特性的基础上，通过试验对防护用具进行验证，明确安全防护用具的技术条件，并制定安全防护措施。

二、安全防护分析及计算

（一）±660kV直流线路人员体表合成场场强计算

为全面了解±660kV直流线路空间及人员体表的电场分布及强度，试验人员进行了计算研究，计算采用三维有限元计算方法。由于目前对于直流合成场（包含畸变情况）的三维建模计算还没有成熟规范的方法，因此在本计算中只考虑静电场，不考虑导线的电晕情况以及空间离子流电场。

考虑铁塔的影响而不考虑离子流和人体的影响时，铁塔周围的电场分布如图 2-19 所示（见文后彩图）。

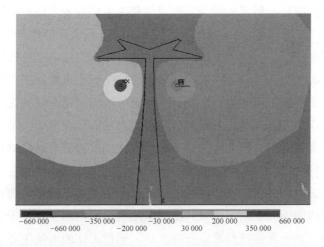

图 2-19　铁塔周围电位分布（不考虑离子流和人体影响）

铁塔周围的场强分布如图 2-20 所示（见文后彩图），场强分布等值线如图 2-21 所示（见文后彩图）。

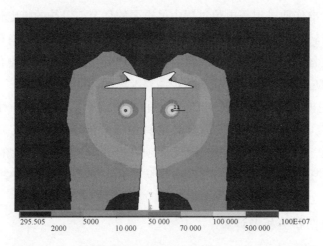

图 2-20　铁塔周围场强分布（不考虑离子流和人体影响）

本次计算针对带电作业工程中，作业人员在作业过程中典型位置出的场强进行了计算，作业人员的位置如图 2-22 所示，计算结果可为带电作业过程中人员的防护提供依据。

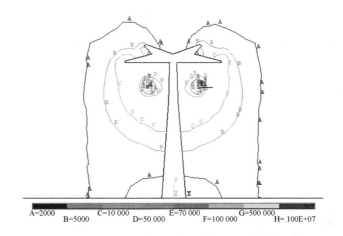

A=2000
B=5000
C=10 000
D=50 000
E=70 000
F=100 000
G=500 000
H=.100E+07

图 2-21　铁塔周围场强分布等值线（不考虑离子流和人体影响）

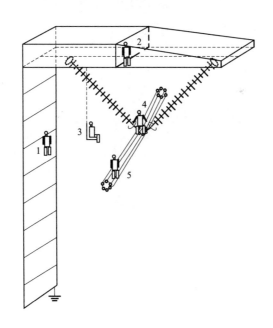

图 2-22　带电作业过程的电场测量位置示意图

1—塔身；2—横担内；3—均压环处；4—导线上；5—距离塔窗 10m 处导线上

1. 作业位置 1 处计算值

作业位置 1，即塔身表面与导线等高处的场强计算值见表 2-11。

2. 作业位置 2 处计算值

作业位置 2，即横担表面与导线相对应处的场强计算值见表 2-12。

表 2-11 作业位置 1 处场强计算值

位置	场强（kV/m）
塔身内	—
塔身外	46.8

表 2-12 作业位置 2 处场强计算值

位置	场强（kV/m）
横担内	—
横担外	44.6

3. 作业位置 3 处计算值

作业位置 3 处场强分布如图 2-23 所示（见文后彩图），场强计算值见表 2-13。

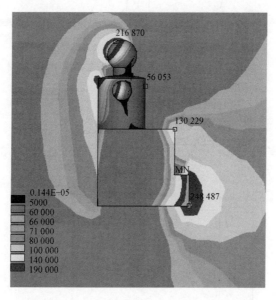

图 2-23 作业位置 3 处场强分布图

表 2-13 作业位置 3 处（距离均压环 2.5m）场强计算值

位置	场强（kV/m）	位置	场强（kV/m）
头顶	216.8	吊篮外	130
胸前	56.1	脚尖	248.5

4. 作业位置 4 处计算值

作业位置 4 处场强分布如图 2-24 所示（见文后彩图），场强计算值见表 2-14。

5. 作业位置 5 处计算值

作业位置 5 处场强分布如图 2-25 所示（见文后彩图），场强计算值见表 2-15。

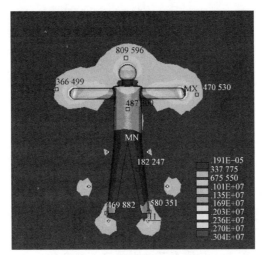

图 2-24 作业位置 4 处场强分布图

表 2-14   作业位置 4 处场强计算值

位置	场强（kV/m）	说明
头顶	809	
胸前	487	
手部	366	远离铁塔
	471	指向铁塔
脚	580	

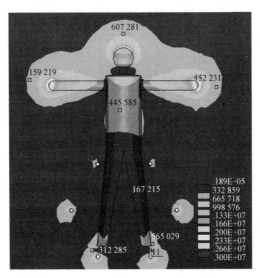

图 2-25 作业位置 5 处场强分布图

　　　　　　　　　　作业位置 5 处场强计算值

位置	场强（kV/m）	备注
头顶	607	
胸前	445	
手部	453	远离铁塔
	159	指向铁塔
脚	565	

（二）与±500kV 直流线路人员体表合成场场强对比

对于±500kV 直流超高压线路及作业人员体表合成场强度及分布规律，我国已进行过较为详细的研究。±500kV 直流线路的带电作业人员处在塔上不同的位置及进入等电位的过程中，其体表及周围电场不断变化，一般规律是：

（1）随攀登高度增加与带电体距离逐渐减小，其体表场强值逐渐增高，在与相导线等高的位置处达到较大值。与导线等电位时体表场强最大。

（2）绝缘子（I 串）横担端部作业处体表场强值较高。

（3）体表场强面向带电导线部位较背向部位高。

（4）沿水平方向从塔体接近带电体时，身体各部位的体表场强成 U 形分布，即头顶和脚尖场强较高，胸腹部场强较低。

等电位作业时，±500kV 直流超高压线路等电位带电作业人员人体体表场强的试验接线如图 2－26 所示。测量条件为大气压力 100.3kPa、温度 30.5C、相对湿度 79％、直流电压＋515kV，测得屏蔽服内外人头顶、脚尖、肩膀、指尖、胸部场强见表 2－16，测得面部体表场强为 19kV/m。

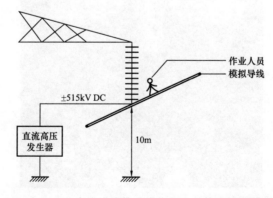

图 2－26　±500kV 直流线路等电位作业人员体表场强测量示意图

表 2-16   ±500kV 直流线路等电位人员体表场强测量结果   kV/m

位置	头顶	脚尖	指尖	胸部
屏蔽服外	194	156	273	132
屏蔽服内	<1	<1	<1	<1

通过对±500kV 直流线路等电位带电作业人员体表场强进行测量发现，等电位作业人员头顶场强约 200kV/m，而±660kV 直流线路等电位带电作业人员头顶场强达 809 kV/m，是其 4 倍。

（三）±660kV 直流线路电位转移计算

±660kV 输电线路杆塔高，塔头尺寸大，多数带电检修项目需作业人员进入等电位完成。作业人员在进入等电位过程中，处于中间电位，将带电导线与杆塔之间的间隙分为两段，分别由作业人员与杆塔、作业人员与带电导线构成。作业人员在接近带电导线过程中，靠近导线一面被感应出与直流导线极性相反的电荷，并在最靠近导线的尖端部位（伸出的手臂、脚尖）积聚，造成电场的畸变。当作业人员与导线接近到一定程度时，由于作业人员与导线间的间隙距离减小，以及电场的畸变作用，作业人员与导线间隙场强逐渐变高，从而造成此段间隙被击穿。在间隙被击穿的同时，作业人员与导线间形成稳定的电弧，通过电弧弧道，导线上的电荷与作业人员身上的感应出来的电荷迅速中和，在极短时间内形成幅值较大的电流。由于作业人员与导线间形成电弧后，弧道阻抗远远小于作业人员与塔身之间空气间隙的阻抗，因此作业人员与导线间电压迅速降低，当电压下降到一定程度后，电弧通道将被阻断，电荷及能量的转移过程随即停止，电流幅值为零，从而终止一次脉冲放电。而该次放电脉冲结束后，作业人员与导线间的阻抗恢复，之间的空气间隙又将出现较高的电场，作业人员上又将被感应出电荷并积聚，造成电场畸变。在电场强度增加到一定程度后，作业人员与导线间的空气间隙又将被击穿，从而出现与前一次类似的放电过程。因此在作业人员接近导线的过程中，将不断出现间歇性的脉冲放电，直到作业人员最终与导线接触。在电位转移过程中，作业人员与导线的整个放电过程是由一系列的放电脉冲组成。

对±660kV 输电线路进出等电位进行模拟试验，当试验模拟人与导线接近约 0.4m 时，模拟人的头部、脚尖等均可能与导线之间产生电弧，由于多个电弧通道的出现，造成脉冲电流具有较大的分散性。经仿真计算，±660kV 线路作业人员距离带电导线 0.5m 时进行电位转移时，流过人体的最大瞬态能量可达 0.79J。考虑脉冲放电点可能发生在作业人员头部，而借助电位转移棒进行电位转移时，电位转移棒的前伸，将导致脉冲放电点只会在导线与电位转移棒头部发生，因此，采用电位转移棒进行电位转移，可有效保护人体。所以，±660kV 输电线路进行带电作业时，推荐采用电位转移棒进行电位转移后进入等电位。

1. 计算模型

(1) 铁塔及导线参数。计算所选择的塔型见图 2-1。设线路的最高工作电压为±660kV，导线及地线参数见表 2-17。

表 2-17　　　　　　　　　　　导线及地线参数

项目		直流线路		接地极引线
架空地线	型号	LBGJ—150—20AC	OPGW—150	GJ—80
	外径（mm）	15.75	—	11.5
	直流电阻（Ω/km）	0.5817	—	2.158
	水平距离（m）	21.4	—	塔中心
	塔上悬挂高度（m）	48.43	—	28.6
	弧垂（m）	11	—	8
	地线是否分段接地	分段接地	—	直接接地
导线	型号	4×JL/G3A—1000/43—72/7		2×2×LGJ—630/45
	外径（mm）	42.08		33.6
	直流电阻（Ω/km，20℃）	0.028 62		0.046 33
	分裂间距（mm）	500		垂直分裂600
	极间距离（m）	19.0		5.2
	导线塔上悬挂高度（m）	33.5		23.3
	弧垂（m）	16		10
平均大地电阻率（Ω·m）		500		

(2) 人体模型。计算特高压送电线路下人体表面电场强度时，人体模型的电气参数主要是电导率和介电常数。

人体不同器官的电导率是不同的，在工频下的电导率见表 2-18。

表 2-18　　　　　　　　　人体不同器官的电导率　　　　　　　　　S/m

序号	器官	电导率	序号	器官	电导率
1	肺	0.1	4	头	0.05
2	肝	0.1	5	脑	0.07
3	内脏	0.03	6	心脏	0.07

序号	器官	电导率	序号	器官	电导率
7	脊骨	0.01	9	腿	0.1
8	胳膊	0.1			

60Hz 频率时，人体内活组织的相对介电常数约 $10^5 \sim 2 \times 10^6$（大脑和肺约 10^6，脂肪约 10^5，而血液约为 2×10^6）。

在计算超高压直流输电线路下人体表面电场强度时，不考虑人体不同器官间电导率及介电常数的差异，假定人体由均匀介质构成，其电导率设为0.1S/m，相对介电常数设为 10^5。人体各部分的参数分别为：头部为半径10cm 的圆球，颈部为半径8cm、高7cm 的圆柱；腰部为半径16cm、高65cm 的圆柱；腿部半径10cm、高80cm 的圆柱。人体的总高度为170cm。取人体的电导率为 0.1S/m，相对介电常数为 10^5。

2. 线路周围电磁场的方程

(1) 电磁场的基本方程组。Maxwell 方程组是电磁场问题分析的基础，由下列 4 个微分方程组成

$$\nabla \times \boldsymbol{H} = \boldsymbol{J} + \frac{\partial \boldsymbol{D}}{\partial t} \qquad (2-10)$$

$$\nabla \times \boldsymbol{E} = -\frac{\partial \boldsymbol{B}}{\partial t} \qquad (2-11)$$

$$\nabla \cdot \boldsymbol{B} = 0 \qquad (2-12)$$

$$\nabla \cdot \boldsymbol{D} = \rho \qquad (2-13)$$

在经典电磁理论中，还有电流连续性方程和洛仑兹方程

$$\nabla \cdot \boldsymbol{J} = -\frac{\partial \rho}{\partial t} \qquad (2-14)$$

$$f = q\boldsymbol{E} + q(V \times \boldsymbol{B}) \qquad (2-15)$$

其中，式 (2-12) 和式 (2-13) 为导出方程，可以由式 (2-10)、式 (2-11)、式 (2-14) 导出。式 (2-10)、式 (2-11)、式 (2-14) 构成了经典电动力学的基础，方程中包含了下列变量：场强 $\boldsymbol{E}$ （V/m），电通密度 $\boldsymbol{D}$ （C/m²），磁场强度 $\boldsymbol{H}$ （A/m），磁通密度 $\boldsymbol{B}$ （Wb/m²），电荷密度 ρ （C/m³），电流密度 $\boldsymbol{J}$ （A/m²）等。其中，$\boldsymbol{E}$、$\boldsymbol{D}$、$\boldsymbol{H}$、$\boldsymbol{B}$、$\boldsymbol{J}$ 为五个矢量函数，每个矢量函数包含 3 个标量函数，ρ 为标量函数，因此共有 16 个标量函数，而式 (2-10)、式 (2-11)、式 (2-14)3 个方程只可以构成 7 个标量方程，无法确定 16 个未知标量函数，因

此必须加上描述媒质的本构关系的 3 个矢量方程（9 个标量方程），这样才能描述 16 个标量函数的限定方程组。

（2）媒质的本构关系。本构关系指的是与媒质电磁特性相联系的场量之间的关系，它是由电磁场作用下的媒质分子极化、磁化或电子传导的机理，并通过实验总结得到的。所以本构关系提供了对各种媒质的一种描述，包括电介质、磁介质和导电体媒质。

对于自由空间

$$\boldsymbol{D} = \varepsilon_0 \boldsymbol{E} \tag{2-16}$$

式中　ε_0——自由空间的电容率或介电常数，$\varepsilon_0 = \dfrac{1}{36\pi} \times 10^{-9}\,\mathrm{F/m}$。

$$\boldsymbol{B} = \mu_0 \boldsymbol{H} \tag{2-17}$$

式中　μ_0——自由空间磁导率，$\mu_0 = 4\pi \times 10^{-7}\,\mathrm{H/m}$。

$$\boldsymbol{J} = 0 \tag{2-18}$$

各向同性媒质的本构关系

$$\boldsymbol{D} = (1 + \chi_e)\varepsilon_0 \boldsymbol{E} = \varepsilon \boldsymbol{E} \tag{2-19}$$

式中　ε_0——介电常数；

　　　χ_e——相对电极化率。

$$\boldsymbol{B} = (1 + \chi_m)\mu_0 \boldsymbol{E} = \mu \boldsymbol{H} \tag{2-20}$$

式中　μ——磁导率；

　　　χ_m——相对磁极化率。

$$\boldsymbol{J} = \sigma \boldsymbol{E} \tag{2-21}$$

式中　σ——导电率。

各向异性媒质的本构关系如下：

$\boldsymbol{D} = \varepsilon \boldsymbol{E}$（$\varepsilon$ 为张量导容率，如晶体、恒定磁场中的电子等离子体）；

$\boldsymbol{B} = \mu \boldsymbol{H}$（$\mu$ 为张量磁导率，如恒定磁场中的铁氧体）；

$\boldsymbol{J} = \sigma \boldsymbol{E}$（$\sigma$ 为张量电导率，如恒定磁场中的等离子体、半导体中的整流边界）。

（3）准静态电场。时变电磁场的一种最重要的类型是时间简谐（正弦）场。在这种形式的场中，激励源以单一频率随时间作正弦变化。在线性系统中，一个变化的源在系统中所有的点都产生随时间作正弦变化的场。

时谐场下虽然产生电场的激励源随时间变化，但对每一瞬间来说，电位的分布规律和静电场的分布规律相同，所不同的是，时变场中的场量不仅是空间的函数也是时间的函数。

当电场的变化频率很低时，在低频交流电容器内部，库仑电场远大于感应电场，即 $\dfrac{\partial \boldsymbol{B}}{\partial t}\approx 0$，于是有

$$\nabla \times \boldsymbol{H} = \boldsymbol{J} + \frac{\partial \boldsymbol{D}}{\partial t} \qquad (2-22)$$

$$\nabla \times \boldsymbol{E} = 0 \qquad (2-23)$$

$$\nabla \cdot \boldsymbol{B} = 0 \qquad (2-24)$$

$$\nabla \cdot \boldsymbol{D} = \rho \qquad (2-25)$$

由式（2-23）可知

$$\boldsymbol{E} = -\nabla \varphi \qquad (2-26)$$

时变电磁场的控制方程为式（2-22）和式（2-25），此时电场和磁场解耦。若只考虑电场，则用电流连续性方程代替式（2-22），且不考虑式（2-24），这样处理后所得到的控制方程即为准静态电场的控制方程。于是，准静态电场的控制方程可表示为

$$\nabla \cdot \left(\boldsymbol{J} + \frac{\partial \boldsymbol{D}}{\partial t} \right) = 0 \qquad (2-27)$$

$$\nabla \times \boldsymbol{E} = 0 \qquad (2-28)$$

根据欧姆定理的微分形式，由式（2-19）、式（2-21）、式（2-26）、式（2-27）可得

$$\nabla \cdot (\sigma \nabla \varphi) + \nabla \cdot \left(\varepsilon \nabla \frac{\partial \varphi}{\partial t} \right) = 0 \qquad (2-29)$$

对于静态电场，式（2-29）为

$$\nabla \cdot (\sigma \nabla \varphi) = 0 \qquad (2-30)$$

在时谐电场的计算中，式（2-29）可写为

$$\nabla \cdot (\sigma \nabla \varphi) - \mathrm{j}\frac{1}{\omega} \nabla \cdot (\varepsilon \nabla \varphi) = 0 \qquad (2-31)$$

式中 ω——工作角频率。

式（2-31）即为准静电场有限元计算中所用的控制方程。

（4）媒质分界面的边界条件。上述方程微分方程只适用于媒质的物理性质（ε，μ，σ）处处连续的空间，对于不同媒质的分解面上，矢量函数 $\boldsymbol{E}$、$\boldsymbol{D}$、$\boldsymbol{H}$、$\boldsymbol{B}$ 会有不连续的突变，这时这些微分方程已失去意义，必须单独考虑它们在分界面

上的关系，这些关系由 Maxwell 方程组的积分形式所制约。

在媒质分界面上，$\boldsymbol{E}$、$\boldsymbol{D}$、$\boldsymbol{J}$ 的边界条件为

$$\boldsymbol{E}_{t1} = \boldsymbol{E}_{t2} \tag{2-32}$$

$$\boldsymbol{D}_{1n} - \boldsymbol{D}_{2n} = \rho_s \tag{2-33}$$

$$\boldsymbol{J}_{1n} + \frac{\partial \boldsymbol{D}_{1n}}{\partial t} = \boldsymbol{J}_{2n} + \frac{\partial \boldsymbol{D}_{2n}}{\partial t} \tag{2-34}$$

若用电位 φ 来表示不同介质分界面的边界条件，式（2-32）～式（2-34）可写为如下的形式

$$\varphi_1 = \varphi_2 \tag{2-35}$$

$$\varepsilon_1 \frac{\partial \varphi_1}{\partial n} - \varepsilon_2 \frac{\partial \varphi_2}{\partial n} = \rho_s \tag{2-36}$$

$$\boldsymbol{J}_{1n} + \varepsilon_1 \frac{\partial}{\partial t}\left(\frac{\partial \varphi_1}{\partial n}\right) = \boldsymbol{J}_{2n} + \varepsilon_2 \frac{\partial}{\partial t}\left(\frac{\partial \varphi_2}{\partial n}\right) \tag{2-37}$$

3. 有限元法

有限元法作为一种有力的工程分析方法被广泛应用于各种研究领域。它是求解复杂工程问题的一种近似的数值分析方法。有限元法的基本思想是将一个复杂的连续介质的求解区域分解为有限个形状简单的子区域（单元），形成原区域的等效离散区域，从而把求解连续体的场变量问题简化为求解有限个单元节点上的场变量问题，而后将求解描述真实连续场变量的微分方程组简化为求解代数方程组，得到近似的数值解。

作为一种数值计算方法，有限元法并非用来寻求问题的解析解。实际上，很多工程问题目前都无法找到解析解。那么有限元法在分析中的作用就在于求解场的电势函数在每个节点上的近似值。

（1）有限元法的优缺点。有限元法的出现是数值分析方法研究领域内的重大突破性进展。与其他数值方法相比，有限元法的突出优点如下：

1）离散化过程保持了明显的物理意义。这是因为，变分原理描述了支配物理现象的物理学中的最小作用原理，因此，基于问题固有的物理特性而予以离散化处理，列出计算公式，是可保证方法的正确性、数值解的存在与稳定性等前提要素。

2）优异的解题能力。与其他数值计算方法比较，有限元法在适应场域边界几何形状以及媒质物理性质变异情况复杂的问题求解上有突出的优点。换句话说，方法应用不受上述两个方面复杂程度的限制。

3）有限元网格具有很大的灵活性，可以根据一定的条件构造不同类型的单元，在一个求解场域中可以使用同一类型单元，也可将不同类型单元组合起来使用，而同一类型单元也可以具有不同的形状。因此，有限元网格可以很方便地模拟不同形状的边界面和交界面。

4）可方便地编写通用计算程序，使之构成模块化的子程序集合，适应计算功能延拓的需要，从而构成各种高效能的计算软件包。边界条件的处理容易并入有限元数学模型，便于编写通用的计算机程序。

5）从数学理论意义上讲，它使微分方程的解法与理论面目一新，推动了泛函分析与计算方法的发展。

有限元法的主要缺点是，对于形状和分布复杂的三维问题，由于其变量多且部分要求细，往往因计算机内存而受限制，特别是包含开域自由空间的电磁计算问题，其建模及求解比较困难。

（2）有限元法原理。应用有限元法求解电动势分布的关键在于找出节点上的电动势值，应用一组线性独立的尝试函数 Ψ_i 和待定系数 C_i 来表示方程的近似解，并用加权余数法（迦辽金法）和变分法（里海—里兹法）来求解这些待定系数。对于泊松方程，无论采用加权余数法还是采用变分法，其导出的矩阵方程在形式上完全相同，对于拉普拉斯方程则方程组右侧各项为零。

矩阵方程的形式为

$$[K][b] = [f] \tag{2-38}$$

式中　　$[K]$——$n \times n$ 阶系数矩阵；

　　　　$[b]$——$n \times 1$ 阶节点势函数矩阵；

　　　　$[f]$——$n \times 1$ 阶激励矩阵。

该方程表示了整个区域内未知势函数值与问题的几何结构和激励源的关系，因此常称为整体矩阵方程。系数矩阵中

$$K_{ij} = K_{ji} = \int_{\Omega} \nabla \Psi_i \nabla \Psi_j \mathrm{d}\Omega \tag{2-39}$$

$$f_i = \int_{\Omega} q \Psi_i \mathrm{d}\Omega \tag{2-40}$$

当 $q=0$（即激励为零）时，$f_i=0$。

令待定系数等于节点的势函数值，于是矩阵方程式为

$$[K][\phi] = [f] \tag{2-41}$$

为了简化积分过程应使积分局部化，即使得整体积分可以按每个单元独立地

计算。为实现这一目的，需要选择适当的尝试函数。实际上尝试函数代表了单元上近似解的一种插值关系，它决定了近似解在单元上的形状。因此尝试函数在有限元法中又称为形函数，对应于每个节点都有一个相应的形函数，该形函数在该节点上的值为1，而在其他节点上的值都为零。

由于整个区域被划分为许多有限元，系数矩阵的任意一个元素 K_{ij} 的计算便可以先针对每一个单元分别进行计算，然后将各单元的积分结果相加得到。若用 N 表示单元的个数，则 K_{ij} 的计算过程可写成

$$K_{ij} = \sum_{e=1}^{N} \int_{\Omega^e} \nabla \Psi_i \, \nabla \Psi_j \mathrm{d}\Omega = \sum_{e=1}^{N} K_{ij}^e \qquad (2-42)$$

$$K_{ij}^e = \int_{\Omega^e} \nabla \Psi_i^e \, \nabla \Psi_j^e \mathrm{d}\Omega \qquad (2-43)$$

式中　e——表示对应于某个单元的量；

Ω^e——表示对应于某个单元的子区域；

K_{ij}^e——可以认为是局部系数矩阵的某一单元元素。

于是整体系数矩阵便由各个独立的局部系数矩阵总和而成。用同样的原理可以将整体激励矩阵的某一元素 f_i 表示为对应于各个单元的积分之和

$$f_i = \sum_{e=1}^{N} \int_{\Omega^e} q \Psi_i \mathrm{d}\Omega = \sum_{e=1}^{N} f_i^e \qquad (2-44)$$

$$f_i^e = \int_{\Omega^e} q \nabla \Psi_i^e \mathrm{d}\Omega \qquad (2-45)$$

如果 i 和 j 不属于同一个单元，那么节点 j 的形函数 Ψ_j 在包含节点 i 的单元上恒为零。这样当计算整体系数矩阵和整体激励矩阵的元素时，只需依次对每一个单元进行局部的单独的计算。在计算某个单元时，只处理与该单元对应的节点和形函数，而不必考虑整个区域中的其他单元和节点，也就是说，当计算某一个单元对系数矩阵和前后左右矩阵的局部贡献时，对应于与该单元不相邻的节点上的 K_{ij}^e 和 f_i^e，都视为 0。

4. 作业人员电位转移时通过人体的能量

当人体接近导线时，等效电路可由图 2-27 表示，其中，C_1 为人体与导线间的部分电容，C_2 为人体与铁塔、大地及其他相导体间的等效互部分电容。

人体由转移棒进入或直接进入等位点瞬间，相当于开关 S 闭合，电容 C_1 所储存的能量由人体释放。由于电容 C_1、C_2 均较小，放电时间很短，可近似认为电位转移过程中，各极导线的电位恒定。

S 闭合前，C_1 两端的电压为：

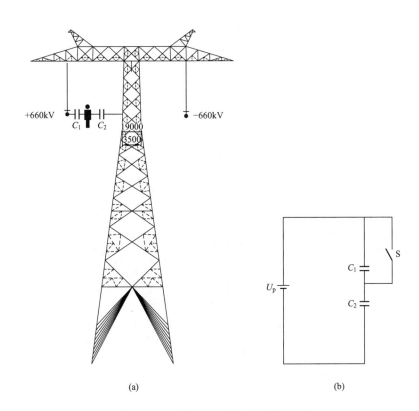

图 2-27 人体接近导线时的等效电路

(a) 人体位置示意图；(b) 等效电路图

$$U_1 = \frac{C_2}{C_1 + C_2} U_p \qquad (2-46)$$

式中　U_p——被接触导线的电压。

S 闭合时，由电容 C_1 释放的能量为

$$W = \frac{1}{2} C_1 U_1^2 \qquad (2-47)$$

人体与被接触导线，人体与大地、铁塔及其他导线间的等效电容可由有限元方法计算电位分布，再由电容定义计算出。

各导线加载电压，设人体不带电荷，计算人体与被接触导线间的电压 dU_1 及人体与地间的电压 U_1，则有

$$dU_1 C_1 + U_1 C_2 = 0 \qquad (2-48)$$

线路电压不变，对人体加较小电荷量 dq，计算人体与被接触导线间的电压 dU_2 及人体与地间的电压 U_2，则有

$$dU_2C_1 + U_2C_2 = dq \qquad (2-49)$$

解由式（2-39）、式（2-40）组成的方程组，求出等效电容 C_1 和 C_2。

（1）人体与导线 1m 接触导线，流过人体的能量。设正负极相对地的电位分别为 ±660kV，人体无净电荷，人体与分裂导线外侧的距离为 1m，人体周围的电位分布如图 2-28 所示（见文后彩图），人体周围电位等值线如图 2-29 所示（见文后彩图），人体周围的电场强度分布如图 2-30 所示（见文后彩图）。

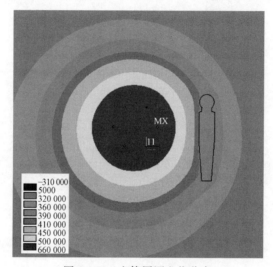

图 2-28　人体周围电位分布

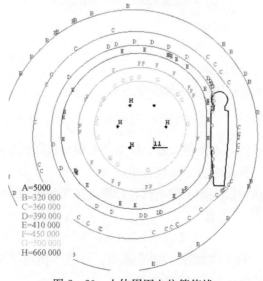

图 2-29　人体周围电位等值线

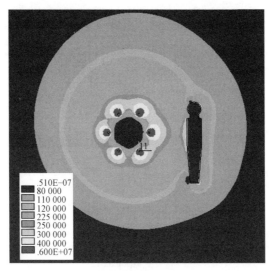

图 2 - 30 人体周围电场强度分布（单位：kV/m）

人体不带净电荷时，导线与人体间的电压 $dU_1 = 274.726$kV，人体与大地间的电压为 $U_1 = 385.273$kV。

设人体带净电荷 $dq = 10^{-6}$C，导线与人体间的电压 $dU_2 = 132.974$kV，人体与大地间的电压约为 $U_2 = 792.974$kV。

计算得人体与导线间的电容 $C_1 = 28.636$pF；人体与铁塔、大地及其他导线间的等效电容为 $C_2 = 20.419$pF。

设线路的最高工作电压为 ± 660kV，则人体进入等电位点时，流过人体的最大瞬态能量 $W = 1.08$J。

电位转移时，设电位转移棒、接触电阻的大小不同，通过转移棒的瞬态电流不同，设转移棒和接触电阻之和为 100Ω 或 200Ω，电位转移时瞬态电流波形如图 2 - 31 所示。

由以上计算结果可知，增加电位转移棒的电阻可减小电位转移时的冲击电流的大小，但增大了放电的时间。

（2）人体与导线 0.5m 接触导线，流过人体的能量。当人体与边子导线间距为 0.5m 时，由有限元计算方法可知，人体周围的电位分布如图 2 - 32 所示（见文后彩图），人体周围电位等值线如图 2 - 33 所示（见文后彩图），人体周围的电场强度分布如图 2 - 34（见文后彩图）所示。

求得人体与导线间的电容 $C_1 = 37.39$pF；人体与铁塔、大地及其他导线间的等效电容 $C_2 = 16.87$pF。

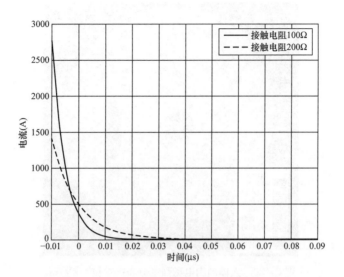

图 2-31　距导线 1m 处电位转移时瞬态电流

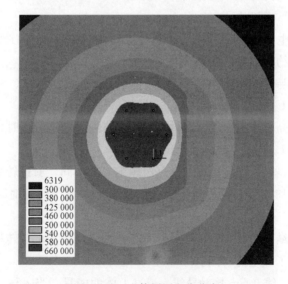

图 2-32　人体周围电位分布

设线路的电高工作电压为 ±660kV，则人体进入等位点时，流过人体的最大瞬态能量 $W=0.79J$。

设转移棒和接触电阻之和为 100Ω 或 200Ω，电位转移时瞬态电流波形如图 2-35 所示。

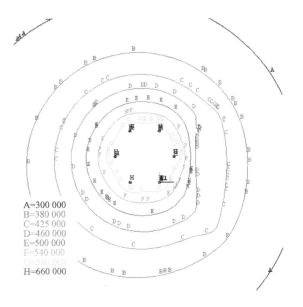

图 2-33 人体周围电位等值线

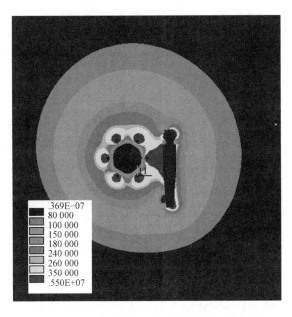

图 2-34 人体周围电场强度分布（单位：kV/m）

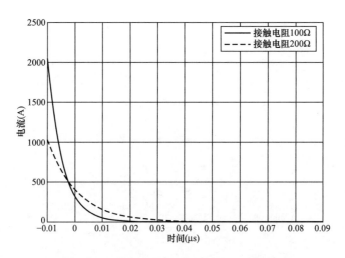

图 2-35　距导线 0.5m 处电位转移时瞬态电流

一般来说，采用导电手套接触带电导线，由于身穿屏蔽服的人体相距带电导线较近，相当于电容器的两个极板较近，感应电荷增多，因此其冲击电流也较大。如果作业人员用电位转移棒与导线接触，人体可以对导线保持较大的距离，使感应电荷减小，中间电流也减小，从而避免等电位瞬间冲击电流对人体的影响。

（四）适用于±660kV 直流线路屏蔽服基本参数

由于直流输电线路电压及电晕的作用，导线附近空间存在带电粒子，带电粒子在直流电场作用下定向移动形成空间离子流，直流输电线路周围的电场为直流静电场和空间离子流场的综合场。直流输电线路带电作业中，影响作业人员安全的主要因素是强直流电场的作用和电晕产生离子流的作用。目前500kV 及以下电压等级线路的带电作业研究已比较成熟，在±660kV 直流输电线路上带电作业时，由于所处的场强远高于 500kV 及以下电压等级，作业人员安全所受的影响更大，有必要对带电作业的屏蔽服进行重点关注，以限制流入人体的空间离子电流和屏蔽直流综合场，从而保障直流电场中作业人员的安全。

屏蔽服是带电作业中最重要的安全防护用具。对于直流等电位作业人员，通过人体的电流、主要是穿透屏蔽服通过人体的空间离子电流。所以在直流线路上实施带电作业时，屏蔽服的作用为：屏蔽空间合成场，将衣内场强限制到一个安全值；阻挡空间离子定向移动所形成的电流，使衣内人体电流限制到人体感觉电流以下；在人体转移到不同电位时，将转移的能量通过屏蔽服释放，从而保证电位转移过程中人体安全。

1. 确定屏蔽服的主要技术参数的原则

适用于±660kV直流线路带电作业的屏蔽服必须具有屏蔽合成场、阻挡直流离子电流、释放电位转移时的能量等功能。应根据±660kV直流线路安全防护对象的特性，确定屏蔽服的主要技术参数，并使用试验进行验证，以保证带电作业的安全性。

屏蔽作业空间的合成场是屏蔽服的主要功能之一。±660kV直流线路带电作业人员体表的合成场强度水平远远低于交流特高压线路的水平，而且一般认为在同样的场强下，直流电场对人体的影响要低于交流电场。因此在制定直流线路带电作业场强防护标准时，可沿用交流线路带电作业中防护电场的要求。直流暂态电击给人的感觉与电击电流的大小有关：电击电流小于1mA时，人无感觉；电击电流达5mA时，人有轻微的刺激感；电击电流达9mA时，人有不舒服的电击感，肌肉未失控；电击电流达62mA时，人会感到疼痛的电击，但肌肉未失控，99.5%的人能摆脱。关于人体在直流电场作用下的感受，有相关±500kV电压等级试验结果表明，毛发和皮肤对直流电场最敏感：在地面场强小于30kV/m的地方，皮肤感觉不明显；在地面场强达到30kV/m的地方，外露皮肤有微弱刺激感；在地面场强达到35kV/m的地方，外露皮肤有较明显的刺激感；在地面场强达到38kV/m的地方，外露皮肤有很明显的刺激感；在地面场强达到44kV/m的地方，外露皮肤有很强烈的刺激感。GB/T 6568—2008《带电作业用屏蔽服装》规定，交流带电作业时，人体裸露部分局部最大交流场强应小于240kV/m，屏蔽服内小于15kV/m。由于人对同一电场值下直流的感知水平低于对交流的，因此要求在±660kV直流线路最高运行电压带电作业时，屏蔽服内部局部最大电场不超过15kV/m，裸露部位局部最大电场不超过240kV/m，作为用于±660kV直流线路屏蔽服主要技术参数基准原则之一。

由于在直流线路下只有电晕引起的离子电流，其幅值比交流线路对地容性电流低1～2个数量级。IEC资料显示，要达到等效的人体电流效应，直流与交流电流的有效值之比为2～4。目前我国规定交流线路附近长期通过人体电流应小于50μA。以往研究结果表明，使用直流屏蔽服进行带电作业时，要限制人体电流小于50μA是不难做到的，因此此时可参照对交流电流的规定，以直流线路附近带电作业时，流经人体的电流不超过50μA作为确定±660kV直流线路屏蔽服又一主要技术参数基准原则。

2. ±660kV 屏蔽服主要技术参数

GB/T 6568—2008［该标准适用于交流 110（66）kV～750kV，直流 ±500kV 及以下电压等级的电气设备］对带电作业用屏蔽服装进行了规范，对于 1000kV 交流、±800kV 和 ±660kV 直流带电作业用屏蔽服目前还没有国家标准可循。但国内已有生产厂家试制了 1000kV 交流带电作业用屏蔽服，在 ±800kV 带电作业研究及应用中使用的屏蔽服型号与 1000kV 使用的屏蔽服型号相同，能够满足相关技术标准，有良好的应用记录。根据 ±660kV 与 ±800kV 屏蔽服参数进行比较，±800kV 条件下使用的屏蔽服同样能够满足 ±660kV。因此，±660kV 屏蔽服技术参数主要参考 1000kV 和 ±800kV 主要参数。

成套的 ±660kV 屏蔽服包括上衣、裤子、帽子、面罩、手套、短袜、鞋子以及相应的连接线和连接头。按照标准要求，屏蔽服应具有较好的屏蔽性能、较低的电阻、适当的载流容量、一定的阻燃性及较好的服用性能，整套屏蔽服间应有可靠的电气连接；对于整套屏蔽服，各部件应经过 2 个可拆卸的连接头进行可靠的电气连接，连接头在工作过程中不应脱开，且各最远端点间的电阻值不大于 20Ω。在规定的使用电压等级下，衣服内的体表场强不大于 15kV/m，流经人体的电流不大于 50μA，人体外露部位的体表局部场强不得大于 240kV/m。在进行整套屏蔽服的通流容量试验时，屏蔽服任何部位的温升不得超过 50℃。各部分电阻值要求见表 2-19。

表 2-19　　　　　　　　　　屏蔽服的各部分电阻值要求

类别	电阻值（Ω）	类别	电阻值（Ω）
上衣	<15（最远端点之间）	短袜	<15
裤子	<15（最远端点之间）	鞋子	<500
手套	<15		

另外，帽子的保护盖舌和外伸边缘必须确保人体外露部位不产生不舒适感，并确保在最高使用电压的情况下，人体外露部位的表面场强不大于 240kV/m。

GB/T 6568—2008 和 IEC 60895：2002 对于屏蔽服衣料的具体要求见表 2-20。

表 2-20　　　　　　　　　　带电作业用屏蔽服装衣料性能标准

序号	衣料性能		标准规定值	
			GB/T 6568—2008	IEC 60895：2002
1	交流电场屏蔽效率（dB）		＞40	＞40
2	衣料电阻（Ω）		≤0.8	≤1.0
3	衣料熔断电流（A）		＞5	＞5
4	耐燃	炭长（mm）	≤300	≤300
		烧坏面积（cm²）	≤100	≤100
5	金属网屏蔽面纱屏蔽效率（dB）		—	—
6	鞋子（Ω）		≤500	≤500
7	整套屏蔽服装电阻（Ω）	任意最远端点之间	≤20	≤40

参考表 2-20 及 ±800kV 直流特高压、1000kV 交流特高压线路屏蔽服的主要参数，确定适用于 ±660kV 直流线路屏蔽服主要参数如下：

（1）采用屏蔽效率不小于 40dB 的屏蔽服布料；衣料熔断电流不小于 5A；对于整套屏蔽服，各最远端点间的电阻值不超过 20Ω。

（2）屏蔽服内部最大电场不超过 15kV/m，面罩内部最大电场不超过 240kV/m。对于 500kV 及以下电压等级的带电作业，如果屏蔽服帽子的保护盖舌和外伸边缘足够大，即可保证作业人员面部场强低于人体感知水平 240kV/m，满足作业条件。但对于 ±660kV 带电作业，仅依靠增大帽子的保护盖舌面积无法达到技术要求，因此屏蔽服需对作业人员面部进行专门防护，即设置屏蔽面罩。

（3）流经人体的电流不超过 50μA。

（4）在进行整套屏蔽服的通流容量试验时，屏蔽服任何部位的温升不得超过 50℃。

（五）结论

为保证 ±660kV 直流线路带电作业的顺利开展，对人员体表合成场、电位转移脉冲电流等主要危险源特性进行了深入分析，确定 ±660kV 直流线路带电作业安全防护的技术指标如下：

（1）通过综合分析仿真计算与实际测量的结果发现，±660kV 直流线路带电地电位作业人员体表场强约为 44~47kV/m，在进入过程中及等电位作业时均超过了电场感知水平 240kV/m，应采取措施予以防护。

（2）距导线 1m 接触导线时，流过人体的最大瞬态能量为 1.08J，电流脉冲幅值可达 210A，半峰时间约为 0.1μs；距导线 0.5m 接触导线时，流过人体的最大瞬态能量为 0.79J，电流脉冲幅值可达 210A，半峰时间约为 0.1μs。

（3）通过仿真发现：人体进入等电位点时，相对而言，距导线越近，电位转移时的冲击电流幅值和电位转移能量越小；电位转移时，电位转移棒、接触电阻的大小不同，通过转移棒的瞬态电流不同；增加电位转移棒的电阻可减小电位转移时的冲击电流的大小，但增大了放电的时间。

（4）适用于 ±660kV 直流线路屏蔽服的主要参数：采用屏蔽效率不小于 40dB 的屏蔽服布料；衣料熔断电流不小于 5A；对于整套屏蔽服，各最远端点间的电阻值不超过 20Ω；屏蔽服内部最大电场不超过 15kV/m，面罩内部最大电场不超过 240kV/m；流经人体的电流不超过 50μA；在进行整套屏蔽服的通流容量试验时，屏蔽服任何部位的温升不得超过 50℃。

第三章

±660kV 直流带电作业项目及作业指导书

第一节　直线塔带电作业项目

一、进出等电位方法

对于直线塔，作业人员不得从横担或绝缘子串垂直进出等电位，可采用吊篮（吊椅、吊梯）法、绝缘软梯法等方式进出等电位。

等电位作业人员进出等电位时与接地体及带电体的电气间隙距离（包括安全距离、组合间隙）均应满足表3-1和表3-2要求。绝缘工器具最小有效绝缘长度见表3-3。

表 3-1　　　　　　　　　　　最 小 安 全 距 离　　　　　　　　　　　　m

作业位置	海　　拔			
	≤500	500~1000	1000~1500	1500~2000
地电位作业人员对带电体，等电位作业人员对塔身	4.2	4.5	4.7	5.0
等电位作业人员距上横担或顶部构架	4.8	5.1	5.3	5.6

注　表中数值不包括人体占位距离，作业中需考虑人体占位距离不得小于0.5m。

表 3-2　　　　　　　　　　　最 小 组 合 间 隙　　　　　　　　　　　　m

海拔	最小组合间隙	海拔	最小组合间隙
≤500	4.3	1000~1500	4.8
500~1000	4.6	1500~2000	5.1

注　表中数值不包括人体占位距离，作业中需考虑人体占位距离不得小于0.5m。

表 3-3　　　　　　　　　绝缘工器具最小有效绝缘长度　　　　　　　　　　m

海拔	最小有效绝缘长度	海拔	最小有效绝缘长度
≤500	5.0	1000~1500	5.6
500~1000	5.3	1500~2000	5.9

等电位过程中使用的吊篮（吊椅、吊梯）必须用吊拉绳索稳固悬吊；吊篮（吊椅、吊梯）的移动速度必须用绝缘滑车组严格控制，做到均匀、慢速；固定吊拉绳索的长度，应准确计算或实际丈量，保证等电位作业人员即将进入等电位时人体最高部位不超过导线侧均压环。

等电位作业人员在电位转移前，应得到工作负责人的许可，并系好安全带。±660kV 直流输电线路电位转移应采用电位转移棒，电位转移棒应与带电导体可靠接触。进入电位前，在距离带电导体 40～50cm 时，将电位转移棒迅速接触带电体；脱离电位时，先将电位转移棒接触带电导体，作业人员先离开带电导体 40cm 以外，迅速收回电位转移棒。进行电位转移时，动作应平稳、准确、快速。

等电位作业人员在进出等电位和等电位作业时，以及作业人员在作业时，必须有后备保护。

二、等电位更换间隔棒项目及作业指导书

1. 适用范围

±660kV 输电线路更换间隔棒。

2. 作业方式

等电位作业。

3. 作业人员

工作负责（监护）人 1 人，等电位电工 1 人，塔上电工 1 人，地面电工 5 人。

4. 主要工器具

绝缘软梯 2 套，绝缘传递绳 2 根，间隔棒推拉器 1 套，间隔棒扳手 1 把，屏蔽服 2 套。

5. 操作步骤

（1）工作负责人交代工作任务、安全措施，明确分工，发布工作开始命令。

（2）地面电工搬运帆布至选定位置铺好，并将所需工器具搬运至帆布上整齐摆放好，检测绝缘工具、屏蔽服，组装工具。

（3）塔上电工及等电位电工穿着试验合格的屏蔽服，确认屏蔽服连接良好。

（4）塔上电工携带 1 号绝缘传递绳登塔，在横担适当位置系好安全带，固定绝缘传递绳。

（5）塔上电工与地面电工配合，使用绝缘传递绳将绝缘软梯传递至横担，固定在适当位置。

（6）地面电工压好绝缘软梯。

（7）等电位电工使用 1 号绝缘传递绳作后备保护，攀登绝缘软梯距带电体 40cm 处时，申请等电位，得到工作负责人许可后，迅速完成等电位动作。

（8）地面电工将 2 号绝缘传递绳、绝缘滑车及绳套传递给等电位电工。

（9）等电位电工携带绝缘传递绳走线至需更换间隔棒处，坐在 2、3 号子导线上，固定绝缘传递绳。

（10）地面电工将间隔棒扳手及间隔棒推拉器传递至等电位电工。等电位电工安装间隔棒推拉器，调整子导线间距。等电位电工将旧间隔棒拆除传至地面。

（11）地面电工将新间隔棒传递至等电位电工，等电位电工调整间隔棒推拉器间距以安装新间隔棒。

（12）等电位电工检查无误，经工作负责人许可，传递工具，等电位电工走线返回进电场处，按照进电场的逆顺序退出电场。塔上电工拆除、传递工具，携带绝缘传递绳返回地面，工作结束。

6. 安全措施及注意事项

（1）带电作业应在良好的天气下进行。如遇雷电（听见雷声、看见闪电）、雪、雹、雨、雾等，不准进行带电作业。风力大于 5 级，或湿度大于 80%，一般不宜进行带电作业。

（2）开展带电作业应办理带电作业工作票。工作前必须与调度联系，申请停用再启动保护装置。工作结束后应汇报调度，终结工作票。

（3）工作前应认真核对线路名称、色标及杆号，工作中工作负责人应进行全过程监护，及时纠正工作中的不安全行为。

（4）等电位电工及塔上电工应穿着试验合格的全套屏蔽服，且各部位连接良好。等电位电工必须在屏蔽服内套穿全套阻燃内衣。工作前用万用表检测屏蔽服电阻，屏蔽服最远端电阻不得大于 20Ω。

（5）工作中，塔上电工对带电体及等电位电工对接地体的最小距离不得小于表 3-1 规定的最小安全距离。

（6）等电位作业人员转移电位时应使用电位转移棒。等电位电工进出强电场的组合间隙不得小于表 3-2 规定的最小安全距离，且必须有后备保护。

（7）绝缘绳索的有效绝缘长度不得小于表 3-3 的规定。工作前，应使用 5000V 绝缘电阻表对绝缘工具进行测量，绝缘电阻不得小于 700MΩ。

（8）塔上电工安装完绝缘软梯后，地面电工应对绝缘软梯进行压力试验；等电位电工攀登软梯时，地面电工应控制好等电位电工的绝缘后备保护绳，使其始终处于保护范围之内。

（9）等电位电工走线时，应扎好安全带的长、短腰绳，并时刻检查其磨损程度。

（10）用绝缘绳索传递大件金属物品时，地面上作业人员应将金属物品接地后再接触，以防电击。

（11）起吊重物前，应由工作负责人检查悬吊情况及所吊物件的捆绑情况，认为可靠后方准试行起吊。起吊重物稍一离地，应再检查悬吊及捆绑，认为可靠后方准继续起吊。

三、等电位修补导线项目及作业指导书

1. 适用范围

±660kV 输电线路修补导线缺陷。

2. 作业方式

等电位作业。

3. 作业人员

工作负责（监护）人1人，等电位电工1人，塔上电工1人，地面电工5人。

4. 主要工器具

绝缘软梯2套，绝缘传递绳2根，屏蔽服2套。

5. 操作步骤

（1）工作负责人交代工作任务、安全措施，明确分工，发布工作开始命令。

（2）地面电工搬运帆布至选定位置铺好，并将所需工器具搬运至帆布上整齐摆放好，检测绝缘工具、屏蔽服，组装工具。

（3）塔上电工及等电位电工穿着试验合格的屏蔽服，确认屏蔽服连接良好。

（4）塔上电工携带1号绝缘传递绳登塔，在横担适当位置系好安全带，固定绝缘传递绳。

（5）塔上电工与地面电工配合，使用绝缘传递绳将绝缘软梯传递至横担，固定在适当位置。

（6）地面电工压好绝缘软梯。

（7）等电位电工使用1号绝缘传递绳作后备保护，攀登绝缘软梯距带电体40cm处时，申请等电位，得到工作负责人许可后，迅速完成等电位动作。

（8）地面电工将2号绝缘传递绳、绝缘滑车及绳套传递给等电位电工。

（9）等电位电工携带绝缘传递绳走线至需更换间隔棒处，坐在2、3号子导

线上，固定绝缘传递绳。

（10）地面电工使用绝缘传递绳将预绞丝传递给等电位电工。

（11）等电位电工走线至导线损伤处，坐在2、3号子导线上，使用砂纸（钢丝刷）将损伤处氧化物打磨干净，再将预绞丝缠绕在导线损伤处。

（12）等电位电工检查无误，经工作负责人许可，传递工具，等电位电工走线返回进电场处，按照进电场的逆顺序退出电场。塔上电工拆除工具、传递工具，携带绝缘传递绳返回地面，工作结束。

6. 安全措施及注意事项

（1）带电作业应在良好的天气下进行。如遇雷电（听见雷声、看见闪电）、雪、雹、雨、雾等，不准进行带电作业。风力大于5级，或湿度大于80%，一般不宜进行带电作业。

（2）开展带电作业应办理带电作业工作票。工作前必须与调度联系，申请停用再启动保护装置。工作结束后应汇报调度，终结工作票。

（3）工作前应认真核对线路名称、色标及杆号，工作中工作负责人应进行全过程监护，及时纠正工作中的不安全行为。

（4）等电位电工及塔上电工应穿着试验合格的全套屏蔽服，且各部位连接良好。等电位电工必须在屏蔽服内套穿全套阻燃内衣。工作前用万用表检测屏蔽服电阻，屏蔽服最远端电阻不得大于20Ω。

（5）工作中，塔上电工对带电体及等电位电工对接地体的最小距离不得小于表3-1规定的最小安全距离。

（6）等电位作业人员转移电位时应使用电位转移棒。等电位电工进出强电场的组合间隙不得小于表3-2规定的最小安全距离，且必须有后备保护。

（7）绝缘绳索的有效绝缘长度不得小于表3-3的规定。工作前，应使用5000V绝缘电阻表对绝缘工具进行测量，绝缘电阻不得小于700MΩ。

（8）塔上电工安装完绝缘软梯后，地面电工应对绝缘软梯进行压力试验；等电位电工攀登软梯时，地面电工应控制好等电位电工的绝缘后备保护绳，使其始终处于保护范围之内。

（9）等电位电工走线时，应扎好安全带的长、短腰绳，并时刻检查其磨损程度。

（10）用绝缘绳索传递大件金属物品时，地面上作业人员应将金属物品接地后再接触，以防电击。

（11）起吊重物前，应由工作负责人检查悬吊情况及所吊物件的捆绑情况，认为可靠后方准试行起吊。起吊重物稍一离地，应再检查悬吊及捆绑情况，认为可靠后方准继续起吊。

四、等电位补装弹簧销项目及作业指导书

1. 适用范围

±660kV 输电线路补装弹簧销。

2. 作业方式

等电位作业。

3. 作业人员

工作负责（监护）人1人，塔上电工1人，等电位电工1人，地面电工4人。

4. 主要工器具

绝缘传递绳2根，绝缘滑车1个，绝缘软梯2套，电位转移棒1个，屏蔽服2套。

5. 操作步骤

（1）工作负责人交代工作任务、安全措施，明确分工，发布工作开始命令。

（2）地面电工搬运帆布至选定位置铺好，并将所需工器具搬运至帆布上整齐摆放好，检测绝缘工具、屏蔽服，组装工具。

（3）塔上电工及等电位电工穿着试验合格的屏蔽服，确认屏蔽服连接良好。

（4）塔上电工携带绝缘传递绳登塔，在横担适当位置系好安全带，固定绝缘传递绳。

（5）塔上电工与地面电工配合，使用绝缘传递绳将绝缘软梯传递至横担，固定在适当位置。

（6）地面电工压好绝缘软梯。

（7）等电位电工使用绝缘传递绳作后备保护，攀登绝缘软梯距带电体40cm处时，申请等电位，得到工作负责人许可后，迅速完成等电位动作。

（8）等电位电工坐在2、3号子导线上，将缺失的弹簧销补齐并牢固。

（9）等电位电工检查无误，经工作负责人许可，传递工具，等电位电工按照进电场的逆顺序退出电场。塔上电工传递工具，携带绝缘传递绳返回地面，工作结束。

6. 安全措施及注意事项

（1）带电作业应在良好的天气下进行。如遇雷电（听见雷声、看见闪电）、雪、雹、雨、雾等，不准进行带电作业。风力大于 5 级，或湿度大于 80％，一般不宜进行带电作业。

（2）开展带电作业应办理带电作业工作票。工作前必须与调度联系，申请停用再启动保护装置。工作结束后应汇报调度，终结工作票。

（3）工作前应认真核对线路名称、色标及杆号，工作中工作负责人应进行全过程监护，及时纠正工作中的不安全行为。

（4）等电位电工及塔上电工应穿着试验合格的全套屏蔽服，且各部位连接良好。等电位电工必须在屏蔽服内套穿全套阻燃内衣。工作前用万用表检测屏蔽服电阻，屏蔽服最远端电阻不得大于 20Ω。

（5）工作中，塔上电工对带电体及等电位电工对接地体的最小距离不得小于表 3-1 规定的最小安全距离。

（6）等电位作业人员转移电位时应使用电位转移棒。等电位电工进出强电场的组合间隙不得小于表 3-2 规定的最小安全距离，且必须有后备保护。

（7）绝缘绳索的有效绝缘长度不得小于表 3-3 的规定。工作前，应使用 5000V 绝缘电阻表对绝缘工具进行测量，绝缘电阻不得小于 700MΩ。

（8）塔上电工安装完绝缘软梯后，地面电工应对绝缘软梯进行压力试验；等电位电工攀登软梯时，地面电工应控制好等电位电工的绝缘后备保护绳，使其始终处于保护范围之内。

五、等电位紧固螺栓项目及作业指导书

1. 适用范围

±660kV 输电线路紧固螺栓。

2. 作业方式

等电位作业。

3. 作业人员

工作负责（监护）人 1 人，塔上电工 1 人，等电位电工 1 人，地面电工 4 人。

4. 主要工器具

绝缘传递绳 2 根，绝缘滑车 1 个，绝缘软梯 2 套，电位转移棒 1 个，屏蔽服 2 套。

5. 操作步骤

（1）工作负责人交代工作任务、安全措施，明确分工，发布工作开始命令。

（2）地面电工搬运帆布至选定位置铺好，并将所需工器具搬运至帆布上整齐摆放好，检测绝缘工具、屏蔽服，组装工具。

（3）塔上电工及等电位电工穿着试验合格的屏蔽服，确认屏蔽服连接良好。

（4）塔上电工携带绝缘传递绳登塔，在横担适当位置系好安全带，固定绝缘传递绳。

（5）塔上电工与地面电工配合，使用绝缘传递绳将绝缘软梯传递至横担，固定在适当位置。

（6）地面电工压好绝缘软梯。

（7）等电位电工使用绝缘传递绳作后备保护，攀登绝缘软梯距带电体 40cm 处时，申请等电位，得到工作负责人许可后，迅速完成等电位动作。

（8）等电位电工坐在 2、3 号子导线上，将螺帽紧固。

（9）等电位电工检查无误，经工作负责人许可，传递工具，等电位电工按照进电场的逆顺序退出电场。塔上电工传递工具，携带绝缘传递绳返回地面，工作结束。

6. 安全措施及注意事项

（1）带电作业应在良好的天气下进行。如遇雷电（听见雷声、看见闪电）、雪、雹、雨、雾等，不准进行带电作业。风力大于 5 级，或湿度大于 80％，一般不宜进行带电作业。

（2）开展带电作业应办理带电作业工作票。工作前必须与调度联系，申请停用再启动保护装置。工作结束后应汇报调度，终结工作票。

（3）工作前应认真核对线路名称、色标及杆号，工作中工作负责人应进行全过程监护，及时纠正工作中的不安全行为。

（4）等电位电工及塔上电工应穿着试验合格的全套屏蔽服，且各部位连接良好。等电位电工必须在屏蔽服内套穿全套阻燃内衣。工作前用万用表检测屏蔽服电阻，屏蔽服最远端电阻不得大于 20Ω。

（5）工作中，塔上电工对带电体及等电位电工对接地体的最小距离不得小于表 3-1 规定的最小安全距离。

（6）等电位作业人员转移电位时应使用电位转移棒。等电位电工进出强电场的组合间隙不得小于表 3-2 规定的最小安全距离，且必须有后备保护。

（7）绝缘绳索的有效绝缘长度不得小于表 3-3 的规定。工作前，应使用 5000V 绝缘电阻表对绝缘工具进行测量，绝缘电阻不得小于 700MΩ。

（8）塔上电工安装完绝缘软梯后，地面电工应对绝缘软梯进行压力试验；等电位电工攀登软梯时，地面电工应控制好等电位电工的绝缘后备保护绳，使其始终处于保护范围之内。

六、等电位更换单 V 形复合绝缘子项目及作业指导书

（一）方法一

1. 适用范围

±660kV 输电线路直线塔单 V 串绝缘子。

2. 作业方式

等电位作业。

3. 作业人员

工作负责（监护）人 1 人，等电位电工 1 人，塔上电工 3 人，地面电工 8 人。

4. 主要工器具

绝缘吊杆 2 组，液压丝杠 2 组，液压装置 1 套，四分裂提线器 2 个，吊篮 1 套，1—2 滑轮组 1 套，绝缘传递绳 2 根，电位转移棒 1 个，屏蔽服 4 套。

5. 操作步骤

（1）工作负责人交代工作任务、安全措施，明确分工，发布工作开始命令。

（2）地面电工搬运帆布至选定位置铺好，并将所需工器具搬运至帆布上整齐摆放好，检测绝缘工具、屏蔽服，组装 2 组液压丝杠—绝缘吊杆—四分裂提线器。

（3）塔上电工及等电位电工穿着试验合格的屏蔽服，确认屏蔽服连接良好。

（4）塔上电工携带绝缘传递绳登塔，在横担适当位置系好安全带，固定绝缘传递绳。

（5）地面电工对绝缘子外观进行检查，确认完好后按照组装标准对绝缘子进行组装。

（6）地面电工将吊篮绝缘绳固定在适当位置，并将 1—2 滑轮组与吊篮进行可靠连接。

（7）塔上电工携带绝缘传递绳登塔至横担适当位置，固定绝缘传递绳，地面电工用绝缘传递绳将吊篮及 1—2 滑轮组传至横担。

（8）塔上电工在适当位置固定好绝缘吊篮绳和等电位电工的绝缘后备保护绳，塔上电工将 1—2 滑轮组固定在横担适当位置。

（9）地面电工收紧 1—2 滑轮组控制绳，等电位电工扎好绝缘后备保护绳，经工作负责人许可后，登上吊篮，由地面电工控制绝缘拉绳，塔上电工辅助控制1—2滑轮组，将等电位电工平稳送入强电场。

（10）等电位电工距带电体 40cm 处时，申请等电位，得到工作负责人许可后，迅速完成等电位动作。

（11）地面电工将液压装置传至横担，塔上电工相互配合，在横担适当位置将液压装置可靠固定。

（12）地面电工分别将 2 组液压丝杠—绝缘吊杆—四分裂提线器传至横担。

（13）塔上电工相互配合将 2 组液压丝杠固定在横担，并连接液压油管。等电位电工将四分裂提线器安装在导线上。等电位电工收紧机械丝杠，取出绝缘子串导线侧 U 形挂环的弹簧销。

（14）塔上电工收紧液压丝杠，使绝缘子串松弛。

（15）塔上电工及等电位电工将复合绝缘子绑扎牢固，拆开 EB 挂板与直角挂板的连接螺栓，与地面电工配合使绝缘子串连同拉杆等金具一起脱离横担并传至地面。

（16）地面电工将金具安装在新的复合绝缘子上。

（17）地面电工将新的复合绝缘子传至横担，等电位电工、塔上电工及地面电工按照拆除绝缘子串的逆顺序完成新绝缘子串的安装。

（18）等电位电工及塔上电工检查无误，经工作负责人许可，拆除、传递工具，等电位电工按照进电场的逆顺序退出电场。塔上电工拆除、传递工具，携带绝缘传递绳返回地面，工作结束。

6. 安全措施及注意事项

（1）带电作业应在良好的天气下进行。如遇雷电（听见雷声、看见闪电）、雪、雹、雨、雾等，不准进行带电作业。风力大于 5 级，或湿度大于 80%，一般不宜进行带电作业。

（2）开展带电作业应办理带电作业工作票。工作前必须与调度联系，申请停用再启动保护装置。工作结束后应汇报调度，终结工作票。

（3）工作前应认真核对线路名称、色标及杆号，工作中工作负责人应进行全过程监护，及时纠正工作中的不安全行为。

（4）等电位电工及塔上电工应穿着试验合格的全套屏蔽服，且各部位连接良好。等电位电工必须在屏蔽服内套穿全套阻燃内衣。工作前用万用表检测屏蔽服电阻，屏蔽服最远端电阻不得大于 20Ω。

（5）工作中，塔上电工对带电体及等电位电工对接地体的最小距离不得小于

表 3-1 规定的最小安全距离。

（6）等电位作业人员转移电位时应使用电位转移棒。等电位电工进出强电场的组合间隙不得小于表 3-2 规定的最小安全距离，且必须有后备保护。

（7）绝缘承力工具及绝缘绳索的有效绝缘长度不得小于表 3-3 的规定。工作前，应使用 5000V 绝缘电阻表对绝缘工具进行测量，绝缘电阻不得小于 700MΩ。

（8）提线承力工具受力后，经检查确认安全可靠后方可将绝缘子与导线脱离；绝缘子更换后，检查绝缘子受力正常后方可拆除承力工具。

（9）松动丝杠时行程不得过大，丝杠端部应保留 50mm，以防脱落。

（10）用绝缘绳索传递大件金属物品时，地面上作业人员应将金属物品接地后再接触，以防电击。

（11）起吊重物前，应由工作负责人检查悬吊情况及所吊物件的捆绑情况，认为可靠后方准试行起吊。起吊重物稍一离地，应再检查悬吊及捆绑，认为可靠后方准继续起吊。

（二）方法二

1. 适用范围

±660kV 输电线路直线塔双 V 串绝缘子。

2. 作业方式

等电位作业。

3. 作业人员

工作负责（监护）人 1 人，等电位电工 1 人，塔上电工 3 人，地面电工 8 人。

4. 主要工器具

绝缘吊杆 1 组，液压丝杠 1 组，液压装置 1 套，大刀卡 1 套，吊篮 1 套，1—2 滑轮组 1 套，绝缘传递绳 2 根，电位转移棒 1 个，屏蔽服 4 套。

5. 操作步骤

（1）工作负责人交代工作任务、安全措施，明确分工，发布工作开始命令。

（2）地面电工搬运帆布至选定位置铺好，并将所需工器具搬运至帆布上整齐摆放好，检测绝缘工具、屏蔽服，组装液压丝杠—绝缘吊杆—大刀卡。

（3）塔上电工及等电位电工穿着试验合格的屏蔽服，确认屏蔽服连接良好。

（4）塔上电工携带绝缘传递绳登塔，在横担适当位置系好安全带，固定绝缘传递绳。

（5）地面电工对绝缘子外观进行检查，确认完好后按照组装标准对绝缘子进行组装。

（6）地面电工将吊篮绝缘绳固定在适当位置，并将1—2滑轮组与吊篮进行可靠连接。

（7）塔上电工携带绝缘传递绳登塔至横担适当位置，固定绝缘传递绳，地面电工用绝缘传递绳将吊篮及1—2滑轮组传至横担。

（8）塔上电工在适当位置固定好绝缘吊篮绳和等电位电工的绝缘后备保护绳，塔上电工将1—2滑轮组固定在横担适当位置。

（9）地面电工收紧1—2滑轮组控制绳，等电位电工扎好绝缘后备保护绳，经工作负责人许可后，登上吊篮，由地面电工控制绝缘拉绳，塔上电工辅助控制1—2滑轮组，将等电位电工平稳送入强电场。

（10）等电位电工距带电体40cm处时，申请等电位，得到工作负责人许可后，迅速完成等电位动作。

（11）地面电工将液压装置传至横担，塔上电工相互配合，在横担适当位置将液压装置可靠固定。

（12）地面电工将液压丝杠—绝缘吊杆—大刀卡传至横担。

（13）塔上电工相互配合将液压丝杠固定在横担上，并连接液压油管。等电位电工将大刀卡安装在联板上，并拧紧大刀卡端部螺栓。等电位电工收紧机械丝杠，取出导线侧U形挂环的弹簧销。

（14）塔上电工收紧液压丝杠，使绝缘子串松弛。

（15）塔上电工及等电位电工将复合绝缘子绑扎牢固，拆开EB挂板与直角挂板的连接螺栓，与地面电工配合使绝缘子串连同拉杆等金具一起脱离横担并传至地面。

（16）地面电工将金具安装在新的复合绝缘子上。

（17）地面电工将新的复合绝缘子传至横担，等电位电工、塔上电工及地面电工按照拆除绝缘子串的逆顺序完成新绝缘子串的安装。

（18）等电位电工及塔上电工检查无误，经工作负责人许可，拆除、传递工具，等电位电工按照进电场的逆顺序退出电场。塔上电工拆除、传递工具，携带绝缘传递绳返回地面，工作结束。

6. 安全措施及注意事项

（1）带电作业应在良好的天气下进行。如遇雷电（听见雷声、看见闪电）、雪、雹、雨、雾等，不准进行带电作业。风力大于5级，或湿度大于80%，一般不宜进行带电作业。

（2）开展带电作业应办理带电作业工作票。工作前必须与调度联系，申请停用再启动保护装置。工作结束后应汇报调度，终结工作票。

（3）工作前应认真核对线路名称、色标及杆号，工作中工作负责人应进行全过程监护，及时纠正工作中的不安全行为。

（4）等电位电工及塔上电工应穿着试验合格的全套屏蔽服，且各部位连接良好。等电位电工必须在屏蔽服内套穿全套阻燃内衣。工作前用万用表检测屏蔽服电阻，屏蔽服最远端电阻不得大于 20Ω。

（5）工作中，塔上电工对带电体及等电位电工对接地体的最小距离不得小于表 3-1 规定的最小安全距离。

（6）等电位作业人员转移电位时应使用电位转移棒。等电位电工进出强电场的组合间隙不得小于表 3-2 规定的最小安全距离，且必须有后备保护。

（7）绝缘承力工具及绝缘绳索的有效绝缘长度不得小于表 3-3 的规定。工作前，应使用 5000V 绝缘电阻表对绝缘工具进行测量，绝缘电阻不得小于 $700M\Omega$。

（8）提线承力工具受力后，经检查确认安全可靠后方可将绝缘子与导线脱离；绝缘子更换后，检查绝缘子受力正常后方可拆除承力工具。

（9）松动丝杠时行程不得过大，丝杠端部应保留 50mm，以防脱落。

（10）用绝缘绳索传递大件金属物品时，地面上作业人员应将金属物品接地后再接触，以防电击。

（11）起吊重物前，应由工作负责人检查悬吊情况及所吊物件的捆绑情况，认为可靠后方准试行起吊。起吊重物稍一离地，应再检查悬吊及捆绑，认为可靠后方准继续起吊。

七、等电位更换双 L 形复合绝缘子项目及作业指导书

1. 适用范围

±660kV 输电线路直线塔双 L 串绝缘子。

2. 作业方式

等电位作业。

3. 作业人员

工作负责（监护）人 1 人，等电位电工 1 人，塔上电工 3 人，地面电工 8 人。

4. 主要工器具

绝缘吊杆 1 组，液压丝杠 1 组，液压装置 1 套，大刀卡 1 套，吊篮 1 套，1—2 滑轮组 1 套，绝缘传递绳 2 根，电位转移棒 1 个，屏蔽服 4 套。

5. 操作步骤

（1）工作负责人交代工作任务、安全措施，明确分工，发布工作开始命令。

（2）地面电工搬运帆布至选定位置铺好，并将所需工器具搬运至帆布上整齐摆放好，检测绝缘工具、屏蔽服，组装液压丝杠—绝缘吊杆—大刀卡。

（3）塔上电工及等电位电工穿着试验合格的屏蔽服，确认屏蔽服连接良好。

（4）塔上电工携带绝缘传递绳登塔，在横担适当位置系好安全带，固定绝缘传递绳。

（5）地面电工对绝缘子外观进行检查，确认完好后按照组装标准对绝缘子进行组装。

（6）地面电工将吊篮绝缘绳固定在适当位置，并将1—2滑轮组与吊篮进行可靠连接。

（7）塔上电工携带绝缘传递绳登塔至横担适当位置，固定绝缘传递绳；地面电工用绝缘传递绳将吊篮及1—2滑轮组传至横担。

（8）塔上电工在适当位置固定好绝缘吊篮绳和等电位电工的绝缘后备保护绳，塔上电工将1—2滑轮组固定在横担适当位置。

（9）地面电工收紧1—2滑轮组控制绳，等电位电工扎好绝缘后备保护绳，经工作负责人许可后，登上吊篮，由地面电工控制绝缘拉绳，塔上电工辅助控制1—2滑轮组，将等电位电工平稳送入强电场。

（10）等电位电工距带电体40cm处时，申请等电位，得到工作负责人许可后，迅速完成等电位动作。

（11）地面电工将液压装置传至横担，塔上电工相互配合，在横担适当位置将液压装置可靠固定。

（12）地面电工将液压丝杠—绝缘吊杆—大刀卡传至横担。

（13）塔上电工相互配合将液压丝杠固定在横担上，并连接液压油管。等电位电工将大刀卡安装在联板上，并拧紧大刀卡端部螺栓。等电位电工收紧机械丝杠，取出导线侧U形挂环的弹簧销。

（14）塔上电工收紧液压丝杠，使绝缘子串松弛。

（15）塔上电工及等电位电工将复合绝缘子绑扎牢固，拆开EB挂板与直角挂板的连接螺栓，与地面电工配合使绝缘子串连同拉杆等金具一起脱离横担并传至地面。

（16）地面电工将金具安装在新的复合绝缘子上。

（17）地面电工将新的复合绝缘子传至横担，等电位电工、塔上电工及地面电工按照拆除绝缘子串的逆顺序完成新绝缘子串的安装。

（18）等电位电工及塔上电工检查无误，经工作负责人许可，拆除、传递工具，等电位电工按照进电场的逆顺序退出电场。塔上电工拆除、传递工具，携带绝缘传递绳返回地面，工作结束。

6. 安全措施及注意事项

（1）带电作业应在良好的天气下进行。如遇雷电（听见雷声、看见闪电）、雪、雹、雨、雾等，不准进行带电作业。风力大于5级，或湿度大于80%，一般不宜进行带电作业。

（2）开展带电作业应办理带电作业工作票。工作前必须与调度联系，申请停用再启动保护装置。工作结束后应汇报调度，终结工作票。

（3）工作前应认真核对线路名称、色标及杆号，工作中工作负责人应进行全过程监护，及时纠正工作中的不安全行为。

（4）等电位电工及塔上电工应穿着试验合格的全套屏蔽服，且各部位连接良好。等电位电工必须在屏蔽服内套穿全套阻燃内衣。工作前用万用表检测屏蔽服电阻，屏蔽服最远端电阻不得大于20Ω。

（5）工作中，塔上电工对带电体及等电位电工对接地体的最小距离不得小于表3-1规定的最小安全距离。

（6）等电位作业人员转移电位时应使用电位转移棒。等电位电工进出强电场的组合间隙不得小于表3-2规定的最小安全距离，且必须有后备保护。

（7）绝缘承力工具及绝缘绳索的有效绝缘长度不得小于表3-3的规定。工作前，应使用5000V绝缘电阻表对绝缘工具进行测量，绝缘电阻不得小于700MΩ。

（8）提线承力工具受力后，经检查确认安全可靠后方可将绝缘子与导线脱离；绝缘子更换后，检查绝缘子受力正常后方可拆除承力工具。

（9）松动丝杠时行程不得过大，丝杠端部应保留50mm，以防脱落。

（10）用绝缘绳索传递大件金属物品时，地面上作业人员应将金属物品接地后再接触，以防电击。

（11）起吊重物前，应由工作负责人检查悬吊情况及所吊物件的捆绑情况，认为可靠后方准试行起吊。起吊重物稍一离地，应再检查悬吊及捆绑情况，认为可靠后方准继续起吊。

第二节　耐张塔带电作业项目

一、进出等电位方法

在耐张塔进出等电位时，作业人员可采用沿耐张绝缘子串方法或其他方法进出等电位。等电位作业人员沿绝缘子串移动时，手与脚的位置必须保持对应一致。带电作业人员与接地体及带电体的各电气间隙距离（包括安全距离、组合间隙）和经人体或工具短接后的良好绝缘子片数均应满足表3-4的要求，否则不能沿耐张绝缘子串进出等电位。等电位作业人员沿耐张绝缘子串进入高电场时，人体短接绝缘子片数不得多于4片。耐张绝缘子串中扣除人体短接和不良绝缘子片数后，良好绝缘子最少片数应满足表3-4的规定。

表3-4　　　　　　　　　　良好绝缘子的最少片数

海拔（m）	良好绝缘子串的总长度最小值（m）	单片绝缘子结构高度（mm）	良好绝缘子的最少片数
≤500	4.4	170	26
		195	23
		205	22
		240	19
500～1000	4.7	170	28
		195	25
		205	23
		240	20
1000～1500	5.0	170	30
		195	26
		205	25
		240	21
1500～2000	5.3	170	32
		195	28
		205	26
		240	23

注　表中数值不包括人体占位距离，作业中需考虑人体占位距离不得小于0.5m。

等电位作业人员所系安全带，应绑在手扶的绝缘子串上，并与等电位作业人员同步移动。

等电位作业人员在进出等电位时，应在移动至距离带电体3片绝缘子时进行电位转移，方可进行后续操作。

作业人员通过绝缘工具进入高电位时，最小组合间隙应满足表3-2的规定。

等电位作业人员在电位转移前，应得到工作负责人的许可，并系好安全带。

±660kV 直流输电线路电位转移，应采用电位转移棒，电位转移棒应与带电导体可靠接触。进入电位前，在距离带电导体 40～50cm 时，将电位转移棒迅速接触带电体；脱离电位时，先将电位转移棒接触带电导体，作业人员先离开带电导体 40cm 以外，迅速收回电位转移棒。进行电位转移时，动作应平稳、准确、快速。

等电位作业人员在进出等电位和等电位作业时，以及作业人员在作业时必须有后备保护。

等电位作业人员在带电作业过程中时，应避免身体动作幅度过大。

二、更换耐张塔单片瓷绝缘子项目及作业指导书

1. 适用范围

±660kV 线路耐张杆塔。

2. 作业方式

等电位作业。

3. 作业人员

工作负责（监护）人 1 人，中间电位电工 1 人，塔上电工 3 人，等电位电工 1 人，地面电工 8 人。

4. 主要工器具

绝缘传递绳 3 根，绝缘拉杆 2 组，电位转移棒 1 根，绝缘后备保护绳 2 条，液压装置 1 套，液压丝杠 2 组，钢丝绳套 3 根，绝缘滑车 3 个，耐张前卡 1 套，耐张后卡 1 套，电位转移棒 1 个，屏蔽服 5 套。

5. 操作步骤

（1）工作负责人交代工作任务、安全措施，明确分工，发布工作开始命令。

（2）地面电工搬运帆布至选定位置铺好，并将所需工器具搬运至帆布上整齐摆放好，检测绝缘工具、屏蔽服，组装工具。

（3）塔上电工及等电位电工穿着试验合格的屏蔽服，确认屏蔽服连接良好。

（4）塔上电工携带 1 号绝缘传递绳登塔，在适当位置系好安全带，固定绝缘传递绳。

（5）等电位电工携带 2 号绝缘传递绳，按照"跨二短三"方式完成等电位，并将绝缘传递绳挂在导线侧适当位置。

（6）地面电工擦拭、测量、组装新绝缘子片。

（7）中间电位电工登塔至横担，按照"跨二短三"方式携带 3 号绝缘传递绳到达作业位置，并将绝缘传递绳安装在适当位置。

（8）地面电工将液压装置传递至横担，塔上电工将液压装置安装在横担适当位置。

（9）地面电工将耐张后卡传至横担，塔上电工将后卡安装在牵引板上；地面电工将耐张前卡安装传至等电位电工，等电位电工耐张前卡安装在联板上。

（10）地面电工完成2组液压丝杠—绝缘吊杆—机械丝杠的组装。

（11）第1组液压丝杠—绝缘拉杆—机械丝杠的操作：工作负责人许可后，地面电工使用1号绝缘传递绳绑扎好液压丝杠，地面电工使用2号绝缘传递绳绑扎好机械丝杠，地面电工使用3号绝缘传递绳在绝缘拉杆中间部位绑扎。地面电工使用1号绝缘传递绳起吊液压丝杠，地面电工使用2号绝缘传递绳起吊机械丝杠，地面电工使用3号绝缘传递绳起吊绝缘拉杆中间部位，以上3个吊点保持水平。再由塔上电工配合完成液压丝杠与耐张后卡的连接；等电位电工完成机械丝杠与耐张前卡的连接。

（12）第2组液压丝杠—绝缘拉杆—机械丝杠的操作按照同样的方法传递、安装。

（13）工具连接完毕，等电位电工收紧机械丝杠；塔上电工操作液压装置，收紧液压丝杠，使绝缘子串松弛。

（14）地面电工使用3号绝缘传递绳将闭式卡传递至中间电位电工。中间电位电工安装闭式卡，收紧闭式卡机械丝杠，拔掉绝缘子片弹簧销，取出劣质绝缘子传至地面。

（15）地面电工将新绝缘子传至中间电位电工，中间电位电工安装新绝缘子并穿入销子。

（16）塔上电工、中间电位电工、等电位电工检查无误，经工作负责人许可，拆除、传递工具，中间电位、等电位电工按照进电场的逆顺序退出电场。塔上电工拆除、传递工具，携带绝缘传递绳返回地面，工作结束。

6. 安全措施及注意事项

（1）带电作业应在良好的天气下进行。如遇雷电（听见雷声、看见闪电）、雪、雹、雨、雾等，不准进行带电作业。风力大于5级，或湿度大于80%，一般不宜进行带电作业。

（2）开展带电作业应办理带电作业工作票。工作前必须与调度联系，申请停用再启动保护装置。工作结束后应汇报调度，终结工作票。

（3）工作前应认真核对线路名称、色标及杆号，工作中工作负责人应进行全过程监护，及时纠正工作中的不安全行为。

（4）塔上电工、等电位电工应穿着试验合格的全套屏蔽服，且各部位连接良好。等电位电工必须在屏蔽服内套穿全套阻燃内衣。工作前用万用表检测屏蔽服电阻，屏蔽服最远端电阻不得大于 20Ω。

（5）工作中，塔上电工对带电体及等电位电工对接地体的最小距离不得小于表3-1规定的最小安全距离。

（6）等电位作业人员转移电位时应使用电位转移棒。中间电位、等电位电工进出强电场的组合间隙不得小于表3-2规定的最小安全距离，且必须有后备保护。

（7）绝缘承力工具及绝缘绳索的有效绝缘长度不得小于表3-3的规定。工作前，应使用5000V绝缘电阻表对绝缘工具进行测量，绝缘电阻不得小于 $700M\Omega$。

（8）提线承力工具受力后，经检查确认安全可靠后方可将绝缘子与导线脱离；绝缘子片更换后，检查绝缘子受力正常后方可拆除承力工具。

（9）松动丝杠时行程不得过大，丝杠端部应保留50mm，以防脱落。

（10）用绝缘绳索传递大件金属物品时，地面上作业人员应将金属物品接地后再接触，以防电击。

（11）起吊重物前，应由工作负责人检查悬吊情况及所吊物件的捆绑情况，认为可靠后方准试行起吊。起吊重物稍一离地，应再检查悬吊及捆绑情况，认为可靠后方准继续起吊。

三、±660kV 线路处理引流板缺陷项目及作业指导书

1. 适用范围

±660kV 线路引流板处理缺陷。

2. 作业方式

等电位作业。

3. 作业人员

工作负责（监护）人1人，等电位电工1人，塔上电工1人，地面电工2人。

4. 主要工器具

临时接地线，钳形电流表，红外测温仪1台，冷却水1瓶，电位转移棒1个，屏蔽服2套。

5. 操作步骤

（1）工作负责人交代工作任务、安全措施，明确分工，发布工作开始命令。

（2）地面电工搬运帆布至选定位置铺好，并将所需工器具搬运至帆布上整齐摆放好，检测绝缘工具、屏蔽服。

（3）塔上电工及等电位电工穿着试验合格的屏蔽服，确认屏蔽服连接良好。

（4）塔上电工携带绝缘传递绳登塔，在适当位置系好安全带。

（5）等电位电工携带绝缘传递绳，按照"跨二短三"方式完成等电位，并将绝缘传递绳挂在导线侧适当位置。

（6）地面电工将临时接地线及钳形电流表传至等电位电工，等电位电工使用临时接地线将耐张线夹出口处导线与引流线可靠连接，使用钳形电流表测量临时接地线电流导通情况。确认导通后，等电位电工使用冷却水对引流板进行有效降温后，打开引流板对接触面进行打磨处理，涂抹导电脂。等电位电工安装引流板，对引流板螺栓逐个校紧，并检查校紧其他金具螺栓，补齐弹簧销。

（7）等电位电工拆除临时接地线。

（8）等电位电工检查无误，经工作负责人许可，传递工具，等电位电工按照进电场的逆顺序退出电场。塔上电工携带绝缘传递绳返回地面，工作结束。

6. 安全措施及注意事项

（1）带电作业应在良好的天气下进行。如遇雷电（听见雷声、看见闪电）、雪、雹、雨、雾等，不准进行带电作业。风力大于 5 级，或湿度大于 80%，一般不宜进行带电作业。

（2）开展带电作业应办理带电作业工作票。工作前必须与调度联系，申请停用再启动保护装置。工作结束后应汇报调度，终结工作票。

（3）工作前应认真核对线路名称、色标及杆号，工作中工作负责人应进行全过程监护，及时纠正工作中的不安全行为。

（4）等电位电工及塔上电工应穿着试验合格的全套屏蔽服，且各部位连接良好。等电位电工必须在屏蔽服内套穿全套阻燃内衣。工作前用万用表检测屏蔽服电阻，屏蔽服最远端电阻不得大于 20Ω。

（5）工作中，塔上电工对带电体及等电位电工对接地体的最小距离不得小于表 3-1 规定的最小安全距离。

（6）等电位作业人员转移电位时应使用电位转移棒。等电位电工进出强电场的组合间隙不得小于表 3-5 规定的最小安全距离，且必须有后备保护。

（7）绝缘绳索的有效绝缘长度不得小于表 3-3 的规定。工作前，应使用5000V 绝缘电阻表对绝缘工具进行测量，绝缘电阻不得小于 700MΩ。

（8）等电位电工接触发热引流板前，应先将其可靠降温。缺陷处理完毕后，工作负责人应使用红外测温仪对已处理的缺陷进行核实，引流板与其他部位的相对温差不能大于10℃。

第三节　地电位带电作业项目

绝缘架空地线或分段绝缘一点接地架设的地线应视为带电体，作业人员应对其保持足够的安全距离。如需在此类架空地线上作业，应先通过专用接地线将架空地线良好接地，地线上挂、拆专用接地线的方式、步骤与停电线路挂、拆接地线的程序相同。对挂好专用接地线的架空地线，作业人员穿着全套屏蔽服装或静电防护服装后方可进行检修作业。

对于逐基接地的光纤复合架空地线（OPGW）或其他直接接地的架空地线，作业人员穿着全套屏蔽服装或静电防护服装可直接进行检修作业。若需将直接接地的架空地线与地断开时，架空地线需要挂设接地线后方可进行检修作业。

地电位带电作业时，地电位作业人员与带电体间的最小安全距离应满足表3-1的规定。绝缘工器具的最小有效绝缘长度应满足表3-3的规定。

一、带电摘除架空线路导线搭挂异物项目及作业指导书

（一）方法一

1. 适用范围

±660kV输电线路

2. 作业方式

地电位作业。

3. 作业人员

工作负责（监护）人1人，塔上电工1人，地面电工2人。

4. 主要工器具

U形环1个，绝缘传递绳1套，地线接地线1根，屏蔽服1套。

5. 操作步骤

（1）工作负责人交代工作任务、安全措施，明确分工，发布工作开始命令。

（2）地面电工搬运帆布至选定位置铺好，并将所需工器具搬运至帆布上整齐摆放好，检测绝缘工具、屏蔽服。

（3）塔上电工及等电位电工穿着试验合格的屏蔽服，确认屏蔽服连接良好。

（4）塔上电工携带绝缘传递绳登塔，在适当位置系好安全带，固定绝缘传递绳。

（5）地面电工将地线接地线、U形环传至地线支架附近。塔上电工将接地线挂好。

（6）塔上电工将U形环拴在绝缘传递绳的一端，并将U形环漫过地线。地面电工与塔上电工配合使拴U形环的一端落至地面。

（7）地面电工将绝缘传递绳拉至异物附近，甩动绝缘传递绳使之与异物缠绕在一起，再上下抽拉绝缘传递绳使异物与导线分离，传至地面。

（8）地面电工将绝缘传递绳拉回至地线支架附近。

（9）经工作负责人许可，塔上电工拆除、传递工具，携带绝缘传递绳返回地面，工作结束。

6. 安全措施及注意事项

（1）带电作业应在良好的天气下进行。如遇雷电（听见雷声、看见闪电）、雪、雹、雨、雾等，不准进行带电作业。风力大于5级，或湿度大于80％，一般不宜进行带电作业。

（2）开展带电作业应办理带电作业工作票。工作前必须与调度联系，申请停用再启动保护装置。工作结束后应汇报调度，终结工作票。

（3）工作前应认真核对线路名称、色标及杆号，工作中工作负责人应进行全过程监护，及时纠正工作中的不安全行为。

（4）塔上电工应穿着试验合格的全套屏蔽服，且各部位连接良好。工作前用万用表检测屏蔽服电阻，屏蔽服最远端电阻不得大于20Ω。

（5）工作中，塔上电工对带电体的最小距离不得小于表3-1规定的最小安全距离。

（6）绝缘绳索的有效绝缘长度不得小于表3-3的规定。工作前，应使用5000V绝缘电阻表对绝缘工具进行测量，绝缘电阻不得小于700MΩ。

（二）方法二

1. 适用范围

±660kV架空线路（线夹上的异物）。

2. 作业方式

地电位作业。

3. 作业人员

工作负责（监护）人1人，塔上电工1人，地面电工2人。

4. 主要工器具

绝缘传递绳1根，绝缘操作杆1根，绝缘滑车1个，屏蔽服1套。

5. 操作步骤

（1）工作负责人交代工作任务、安全措施，明确分工，发布工作开始命令。

（2）地面电工搬运帆布至选定位置铺好，并将所需工器具搬运至帆布上整齐摆放好，检测绝缘工具、屏蔽服，组装工具。

（3）塔上电工穿着试验合格的屏蔽服，确认屏蔽服连接良好。

（4）塔上电工携带绝缘传递绳登塔，在适当位置系好安全带，固定绝缘传递绳。

（5）地面电工将绝缘操作杆传递给塔上电工。

（6）塔上电工使用绝缘操作杆钩住线夹处异物，带至横担。

（7）塔上电工传递异物、工具，经工作负责人许可，携带绝缘传递绳返回地面，工作结束。

6. 安全措施及注意事项

（1）带电作业应在良好的天气下进行。如遇雷电（听见雷声、看见闪电）、雪、雹、雨、雾等，不准进行带电作业。风力大于5级，或湿度大于80%，一般不宜进行带电作业。

（2）开展带电作业应办理带电作业工作票。工作前必须与调度联系，申请停用再启动保护装置。工作结束后应汇报调度，终结工作票。

（3）工作前应认真核对线路名称、色标及杆号，工作中工作负责人应进行全过程监护，及时纠正工作中的不安全行为。

（4）塔上电工应穿着试验合格的全套屏蔽服，且各部位连接良好。工作前用万用表检测屏蔽服电阻，屏蔽服最远端电阻不得大于20Ω。

（5）工作中，塔上电工对带电体的最小距离不得小于表3-1规定的最小安全距离。

（6）绝缘绳索及绝缘操作杆的有效绝缘长度不得小于表3-3的规定。工作前，应使用5000V绝缘电阻表对绝缘工具进行测量，绝缘电阻不得小于700MΩ。

二、带电摘除架空线路地线搭挂异物项目及作业指导书

（一）方法一

1. 适用范围

±660kV 输电线路（地线上的异物）

2. 作业方式

地电位作业。

3. 作业人员

工作负责（监护）人 1 人，塔上电工 1 人，地面电工 2 人。

4. 主要工器具

U 形环 1 个，绝缘传递绳 1 套，地线接地线 1 根，屏蔽服 1 套。

5. 操作步骤

（1）工作负责人交代工作任务、安全措施，明确分工，发布工作开始命令。

（2）地面电工搬运帆布至选定位置铺好，并将所需工器具搬运至帆布上整齐摆放好，检测绝缘工具、屏蔽服。

（3）塔上电工及等电位电工穿着试验合格的屏蔽服，确认屏蔽服连接良好。

（4）塔上电工携带绝缘传递绳登塔，在适当位置系好安全带，固定绝缘传递绳。

（5）地面电工将地线接地线、U 形环传至地线支架附近。塔上电工将地线接地线挂好。

（6）塔上电工将 U 形环拴在绝缘传递绳的一端，并将 U 形环漫过地线。地面电工与塔上电工配合使拴 U 形环的一端落至地面。

（7）地面电工将绝缘传递绳拉至异物附近，甩动绝缘传递绳使之与异物缠绕在一起，再上下抽拉绝缘传递绳使异物与地线分离，传至地面。

（8）地面电工将绝缘传递绳拉回至地线支架附近。

（9）经工作负责人许可，塔上电工拆除传递工具，携带绝缘传递绳返回地面，工作结束。

6. 安全措施及注意事项

（1）带电作业应在良好的天气下进行。如遇雷电（听见雷声、看见闪电）、雪、雹、雨、雾等，不准进行带电作业。风力大于 5 级，或湿度大于 80%，一般

不宜进行带电作业。

（2）开展带电作业应办理带电作业工作票。工作前必须与调度联系，申请停用再启动保护装置。工作结束后应汇报调度，终结工作票。

（3）工作前应认真核对线路名称、色标及杆号，工作中工作负责人应进行全过程监护，及时纠正工作中的不安全行为。

（4）塔上电工应穿着试验合格的全套屏蔽服，且各部位连接良好。工作前用万用表检测屏蔽服电阻，屏蔽服最远端电阻不得大于 20Ω。

（5）工作中，塔上电工对带电体的最小距离不得小于表 3-1 规定的最小安全距离。

（6）绝缘绳索的有效绝缘长度不得小于表 3-3 的规定。工作前，应使用 5000V 绝缘电阻表对绝缘工具进行测量，绝缘电阻不得小于 700MΩ。

（二）方法二

1. 适用范围

±660kV 架空线路（地线支架上的异物）。

2. 作业方式

地电位作业。

3. 作业人员

工作负责（监护）人1人，塔上电工2人，地面电工2人。

4. 主要工器具

壁纸刀，屏蔽服2套。

5. 操作步骤

（1）工作负责人交代工作任务、安全措施，明确分工，发布工作开始命令。

（2）地面电工搬运帆布至选定位置铺好，并将所需工器具搬运至帆布上整齐摆放好，检测屏蔽服。

（3）塔上电工穿着试验合格的屏蔽服，确认屏蔽服连接良好。

（4）塔上电工携带壁纸刀登塔至悬挂异物处，扎好安全带，使用壁纸刀将异物分解，并将异物装入工具包内。

（5）异物全部清理完后，塔上电工返回地面，工作结束。

6. 安全措施及注意事项

（1）带电作业应在良好的天气下进行。如遇雷电（听见雷声、看见闪电）、雪、雹、雨、雾等，不准进行带电作业。风力大于5级，或湿度大于80%，一般不宜进行带电作业。

（2）开展带电作业应办理带电作业工作票。工作前必须与调度联系，工作结束后应汇报调度，终结工作票。

（3）工作前应认真核对线路名称、色标及杆号，工作中工作负责人应进行全过程监护，及时纠正工作中的不安全行为。

（4）塔上电工应穿着试验合格的全套屏蔽服，且各部位连接良好。工作前用万用表检测屏蔽服电阻，屏蔽服最远端电阻不得大于20Ω。

（5）工作中，塔上电工对带电体的最小距离不得小于表3-1规定的最小安全距离。

第四章

±660kV 直流线路带电作业工具

第一节　带电作业工具常用材料

带电作业常用材料分金属材料和绝缘材料两类。金属材料是用来制作带电作业用紧线丝杠、卡具、绝缘工具接头等专用工具的，其主要材质有普通碳素钢、普通含锰钢、优质碳素钢、合金钢及高强度铝合金等。绝缘材料是用来制作各类软、硬质绝缘工具的，其主要材质为 3240 环氧酚醛玻璃纤维、聚氯乙烯、聚乙烯、聚丙烯、锦仑、蚕丝、绝缘漆和绝缘黏合剂等。

一、绝缘材料

绝缘材料在带电作业中是用来制作各类绝缘工具的，其主要作用如下：

（1）使带电体与接地体相互绝缘。

（2）用来支持作业过程中的带电体，并使其与接地体隔离。

（3）起到绝缘机械手的作用。

（4）用来改善高压电场中的电位梯度。

（5）传递材料及工器具，并使其与带电体绝缘。

针对某一具体工器具来说，可能起到以上某一种作用，也可能同时兼顾几种作用。

根据绝缘工器具的不同功能，制作各类工器具所用的材料分为绝缘板材、绝缘管材、绝缘棒材、绝缘绳索及塑料等。

（一）绝缘板材

绝缘板材主要为绝缘层压制品，是现代电工材料不可缺少的产品。特别是 3240 型环氧酚醛玻璃布板，广泛应用于发电厂、变电站及输变电带电作业中。

层压制品是由浸渍过各种树脂的片状填料经过热压黏合和固化而成的，常用的有纸板、棉板、玻璃丝布板、桦木板、石棉纤维板及合成纤维布板等。我国带电作业常用的层压板有 3240、3025、3027、3230、3250 号等环氧酚醛及酚醛制品，其各种性能指标见表 4-1。

表 4-1　各种板材性能指标

指标名称	单位	3240	3025	3027	3230	3231	3250	3251	3010	3011
密度	g/cm³	1.7~1.9	1.3~1.42	1.3~1.42						
马丁氏耐热性（纵向）（不低于）	℃	200	125	135		150	250	225	120	120
抗弯强度（不低于）	N/cm²	35 000（纵向）29 000（横向）	10 500	9000	11 000	25 000	20 000	11 000	25 000	13 000
抗张强度（不低于）	N/cm²	30 000（纵向）22 000（横向）	6500	6000	10 000	20 000	17 000	10 000		
黏合强度（不低于）	N	5800	5500	5500						
抗冲击强度（不低于）	J/cm²	14.7（纵向）9.8（横向）	2.45	1.96	4.9	9.8	7.84	4.9	6.37	2.45
表面电阻系数（不低于）　常态时	Ω	1.0×10^{13}			10^{11}	10^{12}	10^{13}	10^{12}	2×10^{11}	2×10^{11}
表面电阻系数（不低于）　浸水时	Ω	1.0×10^{11}			10^{10}	10^{10}	10^{10}	10^{10}	2×10^{9}	2×10^{7}
体积电阻系数（不低于）　常态时	Ω·m	1.0×10^{11}			10^{8}	10^{10}	10^{11}	10^{10}	1.5×10^{9}	10^{9}
体积电阻系数（不低于）　浸水时	Ω·m	1.0×10^{9}			10^{6}	10^{8}	10^{9}	10^{8}	1×10^{7}	3.5×10^{5}
平行层向绝缘电阻（不低于）　常态时	Ω	1.0×10^{10}		1.0×10^{10}						
平行层向绝缘电阻（不低于）　浸水时	Ω	1.0×10^{8}		1.0×10^{7}						
频率50Hz时介质损耗角正切（不高于）		0.05					0.04	0.1	0.1	
垂直层向击穿强度，于温度（90±2)℃的变压器油中（不低于）　板厚0.5~1mm	kV/m	22 000	4000	8000	14 000	22 000				
板厚1.1~2mm	kV/m	20 000	3000	6000	12 000	20 000				
板厚2.1~3mm	kV/m	18 000	2000	5000	10 000	18 000				
板厚3mm以上加工一面者	kV/m	18 000	2000	5000	10 000	18 000			垂直于板层的电气强度，在50Hz下，置于（90±2)℃变压器油中试验不低于25 000kV/mm	
平行层向穿电压，于温度（90±2)℃的变压器油中（不低于）	kV	30		6.0	10	10	30	10		

注　3240号为环氧酚醛层压玻璃布板；3025、3027号为酚醛层压玻璃布板；3230号为醋酸层压布板；3231为本醋层压玻璃布板；3250号为本胺酚醛层压玻璃布板；3251号为环氧酚醛层压玻璃布板；3010、3011号为有机硅环氧酚醛层压玻璃布板。

除了以上几种常见绝缘板材外，还有一种复合型层压板——环氧蜂窝板，它由两层环氧玻璃布层压板中间夹一层六角形蜂窝式玻璃布板，三者用环氧树脂黏结而成，属于一种轻型材料，在密度和抗弯等物理性能方面有独特之处，适合于制作带电作业云梯、扒杆、手梯及人字梯等工器具，其具体性能见表4-2。

表 4 - 2 蜂 窝 板 性 能

指标名称		单位	实测结果
密度		g/cm³	0.4～0.6
树脂含量	芯子	%	57.8
	面极		65.8
平压强度		N/mm²	1.48
平压弹性模量			98
侧压强度		N/mm²	146.61
侧压弹性模量			1822.8
剥离强区		N/mm²	0.29
剥离弹性模量			137.2
表面电阻系数		Ω	4.2×10^{13}
体积电阻系数		Ω·m	1.12×10^{11}
频率为50Hz时介质损耗角正切值			0.0168
工频表面耐压		kV	长300mm，试加电压100kV、5min通过

（二）绝缘管材、棒材

同绝缘板材一样，绝缘管材及棒材在我国带电作业中的地位也是很重要的，其主要材质多为环氧酚醛、有机硅、酚醛层制品和黄岩系列管材、棒材等。此外，东北网公司、华中网公司等各大、中科研单位也相继研制出了防雨绝缘管材和棒材，目前正在推广之中。

利用绝缘管材抗弯性能好且质量轻的特点，在带电作业中主要用来制作操作杆、手梯、绝缘扒梯、竖梯、人字梯等。绝缘棒材的抗拉性能优于绝缘管材，因此多用于制作绝缘张力工具。

绝缘管材、棒材分类见表4-3。

表 4 - 3 绝缘管材、棒材分类

类别	名称	标称外径系列（mm）
Ⅰ	实心棒	10，16，24，30
Ⅱ	空心管	18，20，22，24，26，28，30，32，36，40，44，50，60，70
Ⅲ	泡沫填充管	18，20，22，24，26，28，30，32，36，40，44，50，60，70

注 填充绝缘管其标称外径与空心管系列相同。

绝缘管材、棒材应由合成材料制成。合成材料可用无机或人造纤维加强，其外观颜色可由用户确定。其密度不应小于 $1.75g/cm^3$，吸水率不大于 0.3%，50Hz 介质损耗角正切值不大于 0.01。

填充泡沫应黏合在绝缘管内壁。在进行电气和机械试验时，除部件破坏引起的损坏外，泡沫或黏结剂都不应损坏，绝缘管材、棒材均应满足渗透试验的要求。

1. 尺寸要求

测得的绝缘管材、棒材直径均应符合表 4-4、表 4-5 规定的公差范围。

表 4-4　　　　　　　　　　　实心棒标称尺寸及公差要求

标称外径（mm）	外径允许偏差（mm）
10，16，24，30	±0.4

表 4-5　　　　　　　　　空心管、填充管标称尺寸及公差要求

标称外径（mm）	外径允许偏差（mm）	最小壁厚（mm）	壁厚允许偏差（mm）	
			壁厚<5mm	壁厚>5mm
18，20，22，24，26，28，30	±0.4	1.5	±0.2	
32，36，40，44	±0.5	2.5	±0.3	±0.4
50，60，70	±0.8			

2. 电气性能要求

（1）受潮前和受潮后的电气特性。用以制造绝缘拉（吊）杆的绝缘管材、棒材应进行 300mm 长试品的 1min 工频耐压试验，包括干试验和受潮后的试验。试品在 100kV 工频电压下的泄漏电流应符合表 4-6 的规定。

表 4-6　　　　　　　　试品工频耐压试验及泄漏电流允许值

标称外径（mm）		试品电极间距离（mm）	1min 工频耐压试验（均方根，kV）	泄漏电流（≤，μA）	
				干试验 I_1	受潮后试验 I_2
实心棒	30 以下	300	100	10	30
	30			15	35
管材	30 及以下			10	30
	32~70			15	40

注　试验中记录最大电流 I_1、I_2 以及电流与电压间的相角差 φ_1、φ_2，要求 φ_1、φ_2 大于 50°（管）或 40°（棒）。

（2）湿态绝缘性能。用以制造绝缘拉（吊）杆的绝缘管材、棒材应进行

1200mm 长试品的 1h 淋雨试验。试品在 100kV 工频电压下应满足无滑闪、无火花或击穿，表面无可见漏电腐蚀痕迹，无可察觉的温升等要求。

（3）绝缘耐受性能。用以制造绝缘拉（吊）杆的绝缘管材、棒材应能耐受相隔 300mm 的两电极间 1min 工频电压试验。试品在 100kV 工频电压下应满足无滑闪、无火花或击穿，表面无可见漏电腐蚀痕迹，无可察觉的温升等要求。

3. 机械性能要求

用以制造绝缘工具的绝缘管材、棒材应具有一定的机械抗弯、抗扭特性，以及耐挤压、耐机械老化性能。

（1）抗弯特性。各种绝缘管材、棒材试品弯曲试验要求见表 4 - 7。

表 4 - 7　　　　　　　　弯曲试验的 F_d、f、F_r 值

外径（mm）		支架间距离（m）	F_d(N)	f(mm)	F_r(N)	试品长度（m）
实心棒	10	0.5	270	20	540	2
	16	0.5	1350	15	2700	2
	24	1.0	1750	15	3500	2.5
	30	1.5	2250	40	4500	2.5
管材	18	0.7	500	12	1000	2.5
	20	0.7	550	12	1100	2.5
	22	0.7	600	12	1200	2.5
	24	1.1	650	14	1300	2.5
	26	1.1	775	14	1550	2.5
	28	1.1	875	14	1750	2.5
	30	1.1	1000	14	2000	2.5
	32	1.5	1100	25	2200	2.5
	36	1.5	1300	25	2600	2.5
	40	2.0	1750	26	3500	2.5
	44	2.0	2200	28	4400	2.5
	50	2.0	3500	30	7000	2.5
	60	2.0	6000	27	12000	2.5
	70	2.0	10000	27	20000	2.5

注　F_d—初始抗弯负荷；f—挠度差值（指 $F_d/3$、$2/3F_d$ 以及 $2/3F_d$ 与 F_d 之挠度差值）；F_r—额定抗弯负荷。

（2）抗扭特性。各种绝缘管材、棒材扭力试验要求见表 4 - 8。

外径（mm）		C_d（N·m）	α_d（°）	C_r（N·m）
实心棒	10	4.5	150	9
	16	13.5	180	27
	24	40	150	80
	30	70	150	140
管材	18	18.5	30	37
	20	20	29	40
	22	22.5	28	45
	24	25	27	50
	26	27.5	26	55
	28	30	21	60
	30	35	17	70
	32	40	35	80
	36	60	37.5	120
	40	80	40	160
	44	100	35	200
	50	120	16	240
	60	320	12	640
	70	480	10	960

注 C_d—初始扭力；α_d—偏转角；C_r—额定扭力。

（3）管材挤压特性。绝缘管材试品（包括填充管）挤压特性试验要求见表 4 - 9。

表 4 - 9   挤压试验的 F_d、F_r 值

管材标称外径（mm）	F_d（N）	F_r（N）
18	250	500
20	325	650
22	400	800
24	500	1000
26	600	1200
28	700	1400
30	750	1500
32	850	1700

管材标称外径（mm）	F_d（N）	F_r（N）
36	1500	3000
40	2150	4300
44	2500	5000
50	3450	6900
60	4100	8200
70	4750	9500

注 F_d—初始抗弯负荷；F_r—额定抗弯负荷。

（4）机械老化特性。各种绝缘管材、棒材试品在经过 4000 次弯曲循环后，不借助放大装置而用目测检查时，试品应无任何损伤的痕迹，也不应有任何永久变形。

在经过 4000 次弯曲循环试验后，试品还应能通过受潮前及受潮后的绝缘试验。

在受潮前实测的电流 I_1 不应超过表 4－6 中 I_1 的限值，受潮后实测的电流 I_2 不应超过表 4－6 中 I_2 的限值。

（三）塑料

塑料的品种很多，带电作业中常用的塑料有聚氯乙烯、聚乙烯、聚丙烯、聚碳酸酯、有机玻璃和尼龙 1010 等。

1. 聚氯乙烯

聚氯乙烯是由单体聚乙烯聚合而成。硬质聚氯乙烯的密度为 $1.38\sim1.43g/cm^3$，其机械强度较高，电气性能优良，缺点是软化点低，使用范围在－15～55℃之间。软质聚氯乙烯的机械性能均低于硬质聚氯乙烯，且拉断时的伸长率较大。

由于聚氯乙烯在使用温度方面及机械性能方面的局限性太高，因此在带电作业中的应用不是特别广泛。

2. 聚乙烯

聚乙烯有良好的化学性能和机械强度，耐低温且电气绝缘性能和辐射性能稳定，并且有很低的透气性和吸水性，密度小，无毒副作用，易于加工。聚乙烯按其生产方法可分高压聚乙烯、中压聚乙烯和低压聚乙烯，其具体性能见表 4－10。

指标名称		单位	各种聚乙烯指标		
			高压聚乙烯	中压聚乙烯	低压聚乙烯
密度		g/cm³	0.91~0.93	0.95~0.98	0.94~0.96
软化点		℃	105~120	130	120~130
抗张强度		N/mm²	13.7~17.64	24.5~39.2	20.58~24.5
伸长率		%	500~300	100~200	300~100
体积电阻系数		Ω·m	6×10^{12}	$>10^{13}$	6×10^{13}
击穿电压	干态	kV/m			2610~28 400
	浸水 7 天				2610~27 200

3. 聚丙烯

聚丙烯的主要合成原料是丙烯，丙烯的密度约为 0.9g/cm³。其机械性能优于低压聚乙烯，它的熔点为 160~170℃，在没有外力的作用下，即使温度达到159℃也不会变形。聚丙烯几乎不吸收水分，在水中 24h 的吸水率小于 0.01%，聚丙烯用途较为广泛，主要用于制造薄膜、纤维、电缆、导线外皮和机械零件等。带电作业中多用作制造 10kV 配电装置对地或相间绝缘隔离装置。

4. 聚碳酸酯

聚碳酸酯是透明、呈轻微淡黄色的塑料，可制成接近无色、透明的制品，也可染制成各种颜色。其密度为 1.2g/cm³，吸水性差，不易变形，耐热性能突出，在 130~140℃才能变形；其熔点为 220~230℃，耐寒性能也非常高，脆化温度为－230℃。此外，聚碳酸酯在较宽的温度范围内还具有良好的电气性能，且在耐磨、耐老化等方面性能也比较好。

带电作业中，聚碳酸酯多用来制作水冲洗操作杆，有的单位也使用聚碳酸酯来制作配电线路带电作业隔离装置。

5. 聚甲基丙烯酸甲酯（有机玻璃）

有机玻璃具有很好的透明性，其质量轻、不易破碎、耐老化、易加工成型，主要产品有有机玻璃板、棒、管和模制品，广泛应用于工农业生产的各个领域。

由于有机玻璃具有高度的透明性，质量轻，且机械强度较高（抗拉强度为60~70N/mm²，抗压强度为 12~160N/mm²，抗弯强度为 80~140N/mm²，冲击强度为 1.2~1.3N/mm²），在电弧作用下能分解大量气体（一氧化碳、二氧化碳、氨气等），因此，在带电作业中可用有机玻璃制作带电断接引线用的消弧器或配电带电作业用的隔离设备。

6. 聚酰胺（尼龙）

聚酰胺也是目前较为广泛使用的工程材料，俗称尼龙、其品种很多，主要有尼龙 6、尼龙 9、尼龙 66、尼龙 610、尼龙 1010 等。尼龙材料吸水性较低、密度小、机械强度较好、电气性能较优良。

带电作业中，利用尼龙 1010 密度小、电气性能较好的特点，多用来制作带电水冲洗工具的防水罩，而利用尼龙 6、尼龙 66 密度小、机械强度优良、电气性能较好的特点，广泛用来制作绝缘滑车。

（四）绝缘绳索

绝缘绳索是带电作业中不可缺少的软质工具。我国带电作业向绳索化方向发展，是适应我国国情的一大特色。在带电作业中，绝缘绳索广泛应用于承担机械荷重（如滑车组）、运载物件（如循环传递绳）、攀登工具（如软梯）、灵活多变的吊拉线（手梯、立梯的锚绳）、连接套子，以及保护绳、消弧绳等。

1. 绝缘绳索的种类

目前带电作业中常用的绝缘绳索主要有两类：一是蚕丝绳（分生蚕丝绳和熟蚕丝绳），另一类是锦纶绳和聚氯乙烯绳。

从材质上来看，蚕丝绳是采用脱脂不少于 25% 的桑蚕长纤维制作；锦纶棕丝绳是采用白色己内酰胺（锦纶 6）单体聚合后拉制的棕丝（钓鱼弦）绞制而成；锦纶长丝绳是用白色己内酰酸胺（锦纶 6）拉丝后的长纤维按 3×3 股线的要求，合股绞制而成。从结构上来看，绝缘绳索分绞制圆绳、编织圆绳、编织扁带、环形绳和搭扣带等。绝缘绳索一般由多股单纱捻制而成。

（1）捻制方向。按捻制方向分为顺捻和反捻两种，所谓顺捻是指单纱中的纤维或股线中的单纱在绞制过程中，由下向上看是自右向左方向捻动的，一般用字母 S 来表示顺捻，也称 S 捻，如图 4 - 1（a）所示。而反捻则是指绞制中由下向上看是自左向右捻动的，常用字母 Z 表示，也称 Z 捻，如图 4 - 1（b）所示。为了防止绳索松股，一般绳索的捻制层次按 ZSZ 方式进行，即纤维捻成单纱时按 Z 向捻制，纱线捻成股线时则按 S 向捻制，最后股线合成绳索时按 Z 向进行。

（2）捻距。同一股线中，一个整捻或两个连续辫结之间的长度称为捻距，如图 4 - 2 所示。捻距长短用来表示绳索拧劲的松紧，带电作业中使用的绝缘绳索拧劲不宜过紧，也不宜过松，过紧易使绳索打扭，过松则易使绳索松股。

（3）绝缘绳索的型号。目前绝缘绳索较为常用的型号表示为：桑（s）蚕（c）绞（j）制绳（s）用 scjs 表示，并在 "—" 后标注其外径尺寸，如 scjs - 14 表示直径为 14mm 的桑蚕绞制绳。锦（j）纶棕（z）丝绞（j）制绳的型号为 jzjs，而将锦纶（j）长（c）丝绞（j）制绳的型号表示为jcjs。

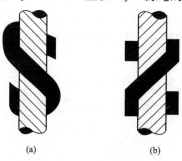

图 4-1 绳索的捻向

(a) S 捻；(b) Z 捻

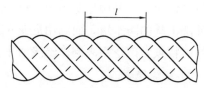

图 4-2 绳索的捻距

l—捻距

（4）编织型绳索。编织型绳索是克服绞制绳索在使用中容易相互拧在一起的缺点而出现的一种绳索，分为机织和手工编织两种。其结构为层叠圆形绳，如图 4-3 所示，层与层叠套在一起，层数越多绳径越粗。

编织型绳索还有扁带型、环型套绳和搭扣带等品种，如图 4-4 所示。扁带型绳索常用作安全带、绝缘吊线器等，环型套绳和搭扣带在带电作业中，多用来作绝缘滑车固定套子。

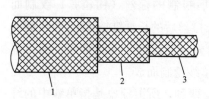

图 4-3 编织圆绳的结构图

1—外二层；2—外一层；3—芯索

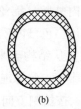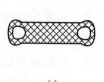

图 4-4 各种编织绳的外形

(a) 扁带型；(b) 环型套绳；(c) 搭扣带

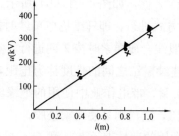

图 4-5 1m 及以下绝缘绳的工频干闪电压

u—工频放电电压；l—长度；▲—蚕丝绳；

• —尼龙绳；×—聚乙烯绳

2. 绝缘绳索的机电性能

试验证明，1m 长的各种绝缘绳索，不论其直径大小或新旧如何，只要清洁干燥，其干闪电压值相差无几，而且放电电压随长度大小基本上成正比递增。单位长度的干闪电压与空气的放电电压相近，达 340kV/m，如图 4-5 所示。但 1m 以上绝缘绳索的干闪电压与绳长的关系呈饱和趋势，这与长空气间隙的放电特性是一致的。

绝缘绳索受潮以后，其闪络电压将会显著降低，而且泄漏电流也显著增加，导致绝缘绳索发热、击穿，锦纶绳索甚至可以烧断，表 4-11 即为绝缘绳索受潮后湿闪电压的试验情况。

表 4-11 绝缘绳受潮后湿闪电压试验结果

编号	绝缘绳名称	试验规格（mm）		试验情况
		直径	长度	
1	尼龙绳（丝）	12	200	升压至 25kV 后燃烧（有明火），升压至 35kV 熔断
2	尼龙绳（线）	12	200	升压至 25kV 后燃烧（有明火），经 20s 熔断
3	熟蚕丝绳	12	200	升压至 40kV 后燃烧（有明火），经 30s 击穿后；第二次升至 60kV 经 30s 击穿；第三次升至 60kV 经 30s 击穿
4	生蚕丝绳	12	200	升压至 40kV 后燃烧（有明火），经 30s 击穿后；第二次升至 60kV 经 30s 击穿；第三次升至 70kV 经 30s 击穿
5	生蚕丝绳	12	200	升压至 10kV 后燃烧（有明火），经 25s 击穿后；第二次升至 65kV 经 30s 击穿；第三次升至 75kV 经 25s 击穿

注 绝缘受潮条件为：
(1) 编号 1~4 是拧开自来水龙头对准被试物两次喷湿。
(2) 编号 5 是将其多股拧开浸入水中（取出时可拧出水）再进行试验。

绝缘绳索的机械强度，总的来看，锦纶绳要比蚕丝绳高一些，而蚕丝绳又比锦纶棕丝绳高一些，其机械特性曲线如图 4-6 所示，具体机械性能见表 4-12 所示。

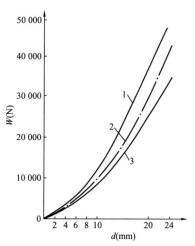

图 4-6 绝缘绳的机械特性比较

W—破坏负荷；d—直径

1—锦纶长丝；2—蚕丝；3—锦纶棕丝

表 4-12   绝缘绳机械性能

绝缘绳名称	单位抗拉强度 （N/mm²）	单位耐磨次数 （次/mm²）	伸长率 （％）
熟蚕丝绳	0.87	8.0	65
生蚕丝绳	0.62	3.99	40～50
尼龙（丝）绳	1.12	3.3	60～80
尼龙（线）绳	1.12	1.59	40～60

注   1. 表内各栏数据为多个数平均值。

      2. 尼龙（丝）绳的伸长率最大达到 133％，平均为 60％～80％。

二、金属材料

金属材料通常分为黑色金属和有色金属两大类：黑色金属是铁、锰、铬及它们的合金，如生铁、铁合金、钢、金属锰、金属铬等；有色金属是指除黑色金属以外的金属及其合金，如铜、铝、锌、铜合金、铝合金等。带电作业中，常用的金属材料多为碳素钢、合金钢、铝合金。它们常常用来制作绝缘部件的连接件或接头、承力部件或牵引部件（如紧丝线杠、卡具等）、导流部件（如接引线夹、分流线、消弧绳等）。因此，对各种金属材料的机械强度、导电性能均应有严格的要求。

（一）金属材料的机械性能

金属材料受机械力的作用表现出抵抗机械力破坏的能力，称为金属材料的机械性能，通常用硬度、强度、塑性、韧性和抗疲劳性等指标表示。

抗拉强度是指金属材料在拉力作用下抵抗变形和破坏的应力，用 σ 表示。此外，它还包括比例极限应力 σ_P、屈服极限应力 σ_S、伸长率 δ 和断面收缩率 ψ，这五种机械性能指标在机械手册中均可以查阅。

硬度是指金属材料单位体积内抵抗变形或抵抗破裂的能力，常见的硬度指标用布氏（HB）、洛氏（HR）等表示，其中布氏硬度单位是 Pa，洛氏硬度是无名数，分为 HRA、HRB、HRC 三种。冲击强度是指材料在动弯曲负荷作用下折断时，所表现出的抵抗能力，单位是 Pa，通常表示金属材料韧性的好坏。疲劳强度则表示在对称弯曲应力作用下，经受一定应力循环数 N 而仍不发生断裂时所能承受的最大应力，单位为 Pa。

（二）金属材料的性能

金属材料的理化性能是指密度、熔点、热膨胀性、导电性、导热性、磁性以及耐腐蚀性等，耐磨性是一种综合性的使用性能，就制作带电作业工具的金属材料，应考虑以下理化性能指标。

1. 密度

选择带电作业工具的金属材料，不但需要强度高，也要求质量轻。因为带电作业几乎全部是在高空中进行，而且输电线路多在山区或田间延伸，交通条件非常不便，因此质量较轻的金属工具受到普遍的青睐。目前，在带电作业工具的质量构成中，金属工具往往占主要成分，所以，制作金属工具的材料密度是一项重要指标，在各类材料的选用中，铝合金尤其是高强度铝合金已成为带电作业最受欢迎的金属材料。

2. 导电性

带电作业中，金属工具应有良好的导电性，这一点主要是从防止作业工具发热来考虑的。另外，有些需要导通电流的设备，如接引线夹、屏蔽服中使用的金属丝等，均要求有很高的导电性。

3. 抗腐蚀性

带电作业工具中的金属部件多为钢或铝合金材料，这些材料在空气中尤其是在电场中极易氧化腐蚀，因此必须做好防腐处理。

4. 耐磨性

带电作业工具的金属部件除了应具备良好的导电性、抗腐蚀性能外，还应具备良好的耐磨性能，因为这些部件在作业过程中需要频繁地与其他金属相互间接触、摩擦，如绝缘操作杆的接头，丝杠等。因此，在制作这些金属部件时，应选用耐磨性能良好的金属材料，否则将会影响这些部件的互相配合。

（三）金属材料的工艺性能

由于输电线路杆塔结构的复杂多变，带电作业金属工具或部件的种类也繁多，其结构也很复杂。因此在制作这些工具或部件时，应考虑到金属材料的铸造、焊接、切削加工等性能。

1. 铸造性能

带电作业工作中使用的接引线夹等工器具，通常用钢或铝铸造而成，因此需选用流动性较好的材质，避免出现蜂窝或砂眼，以保护线夹的质量。

2. 锻压性能

有些外形复杂的金属工具或部件（如卡具）常常需要经过锻造来加工。因此，在制作这类工器具时，应选用锻压性能好的材料来加工。

3. 焊接性能

焊接性能好坏是指材料是否易于用一般焊接方法和工艺进行焊接，例如超硬度铝合金可焊性较差，必须使用特殊的焊接技术才能可靠焊接。因此，诸如铝合金之类的金属工具在制作过程中要避免焊接。

4. 切削性能

切削性能的好坏，主要取决于材料的硬度。例如，当碳钢的硬度为 HB150～250，特别是在 HB108～200 时，具有较好的切削性，而太软的金属（例如电解铝及紫铜）和太硬的金属在切削加工时都很困难。因此，制作带电作业工器具时应选用切削性能较好的金属材料，例如，超硬度铝合金就具有较好的切削性能。

第二节　±660kV 直流线路带电作业工器具研制

随着我国带电作业的不断发展，带电作业工具品种越来越多。这里仅选取一部分常用的 ±660kV 直流输电线路带电作业工具进行介绍。

一、绝缘工器具

带电作业所用绝缘工具主要有绝缘绳索、绝缘滑车、绝缘软梯、绝缘拉（吊）杆等。绝缘工具在带电作业过程中起到将人体与带电体绝缘，但同时又能接触到带电体的作用，要求具有极高安全可靠性。绝缘工具在使用前，应使用 2500V 及以上绝缘电阻表进行分段检测，每 2cm 测量电极间的绝缘电阻值不低于 700MΩ。使用绝缘工具时，应避免绝缘工具受潮和表面损伤、脏污，待用的绝缘工具应放置在清洁、干燥的垫子上。发现绝缘工具受潮或表面损伤、脏污时，应及时处理并经试验合格后方可使用。

（一）绝缘拉（吊）杆

绝缘拉（吊）杆是常见的一种绝缘工器具。绝缘拉（吊）杆必须与丝杠收紧器或液压收紧器配套使用，用于代替绝缘子串以承受导线垂直荷载或水平张力的工具。它除了满足机械强度外，电气性能也应达到使用要求。又因其顺杆方向的可承受力极强，常用作承力工具。其基本结构包括两端的金属连接装置和中部的绝缘承力杆，两部分连接应牢固，使用时应灵活方便。

±660kV 绝缘拉（吊）杆采用泡沫填充管绝缘拉（吊）杆。常用的 ±660kV 直流带电作业用绝缘拉（吊）杆如图 4-7 所示。

图 4-7　绝缘拉（吊）杆

（二）绝缘绳索

1. 功能

绝缘绳索包括绝缘绳套、绝缘传递绳、导线绝缘保护绳等，是由绝缘丝线制成的。在带电作业中，可用来作为挂接吊钩、吊杆、滑轮、卸扣等工器具，在不同电位之间传递工具、材料，防止作业人员高空坠落，防止导线脱落，检测带电设备间或带电设备对地距离的工具。

2. 各类标准及要求

（1）尺寸要求。

1）绝缘绳套。绝缘绳套可分为无极绝缘绳套和两眼绝缘绳套。绝缘绳套可以根据需要做成各种绳径和长度。

2）绝缘传递绳。绝缘传递绳应采用桑蚕丝为原料，绳径不小于 12mm，长度可做成 50、100、200m 各种规格。

3）导线绝缘保护绳。导线绝缘保护绳应采用桑蚕丝为原料，其直径一般为 16mm，长度为 10m。

（2）电气性能要求。常规型和防潮型绝缘绳索的电气性能见表 4-13 和表 4-14。

表 4-13　　　　　　　　　常规型绝缘绳索的电气性能

序号	试验项目	试品有效长度（m）	电气性能要求
1	加压 100kV 时高湿度下交流泄漏电流（相对湿度 90%，温度 20℃，24h，μA）	0.5	≤300
2	工频干闪电压（kV）	0.5	≥170

表 4-14　　　　　　　　　防潮型绝缘绳索的电气性能

序号	试验项目	试品有效长度（m）	电气性能要求
1	工频干闪电压（kV）	0.5	≥170
2	加压 100kV 时持续高湿度下工频泄漏电流（相对湿度 90%，温度 20℃，168h，μA）	0.5	≤100
3	加压 100kV 时进水后工频泄漏电流（水电阻率 100Ω·m，浸泡 15min，抖落表面附着水珠，μA）	0.5	≤500

序号	试验项目	试品有效长度（m）	电气性能要求
4	淋雨工频闪络电压（雨量 1mm/min，水电阻率 100Ω·m，kV）	0.5	≥60
5	50%断裂负荷拉伸后，高湿度下工频泄漏电流（相对湿度 90%，温度 20℃，168h，加压 100kV，μA）	0.5	≤100
6	经漂洗后，高湿度下工频泄漏电流（相对湿度 90%，温度 20℃，168h，加压 100kV，μA）	0.5	≤100
7	经磨损后，高湿度下工频泄漏电流（相对湿度 90%，温度 20℃，168h，加压 100kV，μA）	0.5	≤100

（3）机械性能要求。常规绝缘绳索的机械性能要求见表 4-15。

表 4-15　　　　　　　　常规绝缘绳索的机械性能要求

直径（mm）	伸长率（≤，%）	断裂强度（≥，kN）	测量张力（N）
6±0.3	20	4.0	85
12±0.4	35	11.2	210
14±0.4	35	14.4	350
16±0.4	35	18.0	450
12±0.4（高强）	20	30.0	260

（三）绝缘软梯

1. 功能

绝缘软梯是等电位电工进入强电场的途径之一。采用软梯法进行带电作业时，等电位电工要通过绝缘软梯从地面攀爬至导线处后进入强电场。

2. 各类标准及要求

（1）尺寸要求及图纸。绝缘软梯的边绳及环形绳应采用桑蚕丝或不低于桑蚕丝性能的阻燃绝缘纤维为原料，采用编织结构时，边绳的绳芯及环形绳直径应不小于 8mm，编织的内纬线节距为 8mm；边绳除扣接头及环形绳定位包箍连接点处外，其外径应不小于 10mm，外纬线节距为 3mm。采用捻合结构时，边绳及环形绳的绳径为 10mm，绳股的捻距为 32mm±0.3mm。

横蹬应采用 3640 型环氧酚醛层压玻璃布管，横蹬外径 22mm，壁厚 3mm，长度为 300mm，两端管口应呈 R1.5 的圆弧状。

软梯头宜采用高强度铝合金和合金结构钢为原材料。

（2）电气性能要求。绝缘软梯的电气性能要求见表 4-16。

表 4-16　　　　　　　　　　　　　绝缘软梯的电气性能

序号	试验项目	试品有效长度（m）	电气性能要求
1	加压 100kV 时高湿度下交流泄漏电流（相对湿度 90%，温度 20℃，24h，μA）	0.5	不大于 500
2	工频干闪电压（kV）	0.5	不小于 170

（3）机械性能要求。绝缘软梯的抗拉性能、软梯头的整体挂重性能要求见表 4-17 和表 4-18。

表 4-17　　　　　　　　　　　　　绝缘软梯的抗拉性能

受拉部位	两边绳上下端绳索套扣	两边绳上端绳索套扣至横蹬中心点
拉断力不小于（kN）	18.5	3.5

表 4-18　　　　　　　　　　　　　软梯头的整体挂重性能

试验项目	试验负荷（kN）	技术要求
静负荷试验	4.6	加载 5min 后卸载，各部件无永久变形
动负荷试验	2.7	加载后能在导、地线上移动自如
破坏试验	5.5	不小于试验负荷

二、金属工具

带电作业用金属工具主要有导线提线器、大刀卡、前后耐张卡、闭式卡、丝杠等。带电作业过程中如果用绝缘传递绳索传递大件金属物品（包括工具、材料）时，杆塔或地面上作业人员应将金属物品接地后才能触及。在强电场附近放置的与地绝缘的体积较大的金属物件（例如汽车等），应注意防护感应电伤害，必须先将该金属物件接地才能触及。

（一）导线提线器

1. 功能介绍

导线提线器，即四线吊钩，用于更换 ±660kV 直线塔单 V 串复合绝缘子，如图 4-8 所示。

导线提线器采用钛合金 TC4 作为卡具主体，为主受力部件，两侧帖铝合金板，作为卡具侧向稳定辅助材料，整体采用粘合、铆合工艺组合。使用时，将导线提升器的上端通过丝杠及绝缘吊杆连接到铁塔上，下端则卡在四条子导线上，通过丝杠将导线提升，卸去导线对绝缘子的力，从而对其进行更换。

卡具由上、下两部分组成，上层是托架，起主体作用，主要受弯矩控制，下层是由两个吊钩组合

图 4-8　导线提线器

后成为 500mm×500mm 中心距的挂线钩，托架受弯控制，吊钩受拉控制。

2. 各类标准及要求

（1）尺寸要求及图纸。导线提线器由上、下两部分组成，上层是托架，起主体作用，主要受弯矩控制，下层是由两个吊钩组合后成为 500×500mm 中心距的挂线钩，托架受弯控制，吊钩受拉控制。

导线提线器的设计要求应满足图 4-9～图 4-11 的要求。

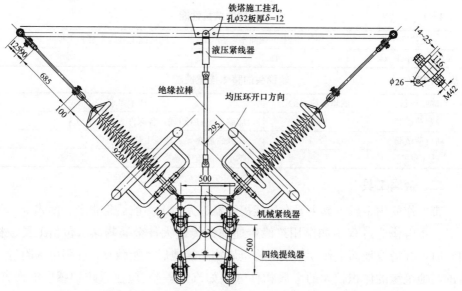

图 4-9　带电更换直线塔单 V 型整串复合绝缘子成套工具工作原理图

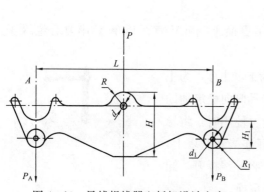

图 4-10　导线提线器上托架设计方案
$P=223\ 200N$；$P_A=P_B=55\ 800N$；$L=500mm$；
$R=38mm$；$d_1=12mm$；$R_1=25mm$；
$H=178mm$；$H_1=75mm$

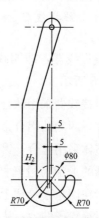

图 4-11　导线提线器下吊钩设计方案
$H_2=40mm$

（2）机械性能要求。导线提线器的机械性能要求见表 4 - 19。

表 4 - 19　　　　　　　　　　导线提线器的机械性能

试验工况	施加荷载（kN）	施加时间（min）	技术要求
吊钩试验	105	5	装置完好，无损坏现象
吊架试验	195		

（二）大刀卡

1. 功能介绍

大刀卡用于更换±660kV 直线塔双 V、双 L 串复合绝缘子。使用时，将大刀卡的活动端通过丝杠及绝缘吊杆连接到铁塔上，卡具端则卡在双串绝缘子的联板上。通过丝杠卸去绝缘子的力，从而对其进行更换。大刀卡采用钛合金 TC4 作为卡具主体，为主受力部件，整体采用粘合、铆合工艺组合。大刀卡—机械丝杠—绝缘吊杆连接示意图如图 4 - 12 所示。

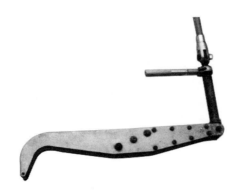

图 4 - 12　大刀卡—机械丝杠—
绝缘吊杆连接示意图

2. 各类标准及要求

（1）尺寸要求及图纸。大刀卡的设计应满足图 4 - 13、图 4 - 14 的要求。

（2）机械性能要求。大刀卡的机械性能要求见表 4 - 20，其荷载分析如图 4 - 15 所示。

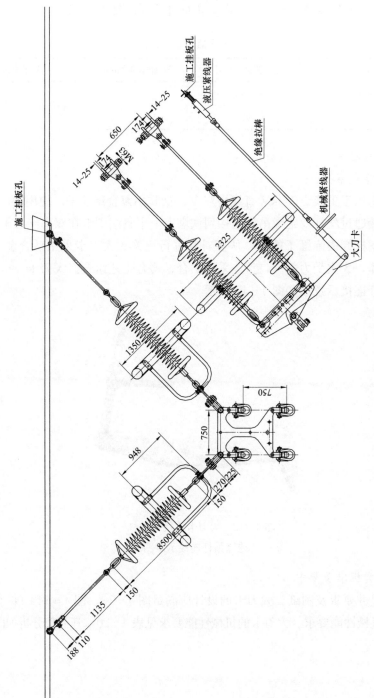

图 4 – 13　带电更换直线塔双 V 型整串复合绝缘子成套工具工作原理图

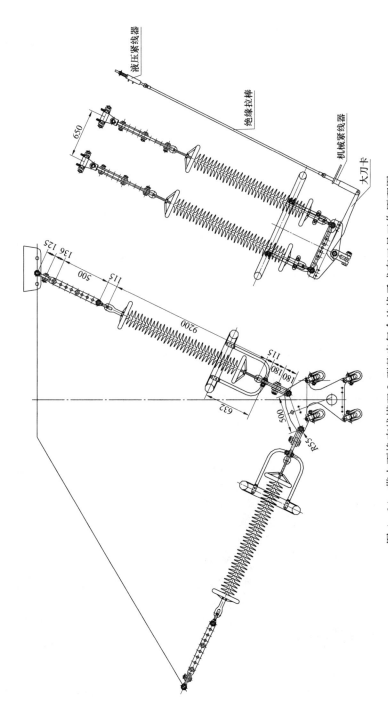

图 4 - 14　带电更换直线塔双 I 型整串复合绝缘子成套工具工作原理图

表 4 - 20　　　　　　　　　　　　　　大刀卡的机械性能

参数	施加负荷（kN）	施加时间（min）	技术要求
静负荷试验	130kN	5	装置完好，无损坏、变形

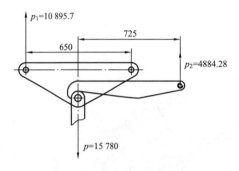

图 4 - 15　大刀卡荷载分析

（三）耐张前（后）卡

1. 功能介绍

耐张前（后）卡用于更换±660kV耐张塔整串绝缘子。使用时，将前卡固定在要更换绝缘子串的导线端，后卡固定在铁塔端，前卡、后卡之间通过绝缘拉杆和丝杠连接。通过收紧丝杠，使要更换的绝缘子串松弛，从而将其更换。

闭式卡用于更换±660kV耐张塔单片绝缘子。使用时，须将耐张前（后）卡配合使用。将前卡固定在要更换绝缘子串的导线端，后卡固定在铁塔端，前卡、后卡之间通过绝缘拉杆和丝杠连接，如图 4 - 16 所示。使用时通过收紧丝杠，使要更换的绝缘子串松弛，此时将闭式卡两端分别卡在要更换的单片瓷绝缘子前后各一片处，收紧闭式卡，使要更换的瓷绝缘子与其前后绝缘子分离，进行更换，如图 4 - 17 所示。

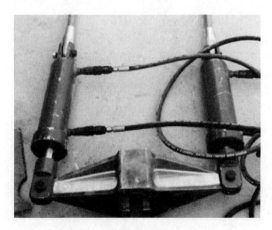

图 4 - 16　耐张后卡—液压丝杠—
绝缘吊杆连接示意图

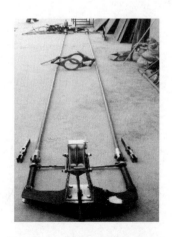

图 4 - 17　带电更换耐张塔整串
（单片）瓷绝缘子成套工具

耐张前（后）卡、闭式卡采用钛合金 TC4 作为卡具主体，为主受力部件，整体采用粘合、铆合工艺组合。

2. 各类标准及要求

（1）尺寸要求及图纸。耐张卡具的设计要求如图 4-18 所示。

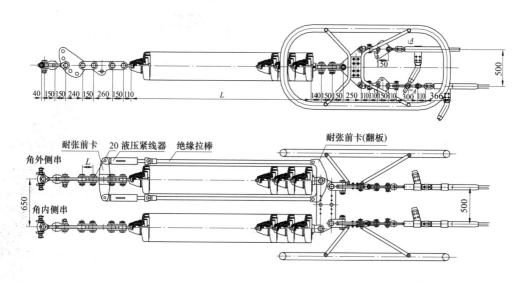

图 4-18 带电更换耐张塔整串（单片）瓷绝缘子成套工具工作原理图

（2）机械性能要求。耐张卡具的机械性能要求见表 4-21。耐张卡设计方案如图 4-19～图 4-21 所示。

表 4-21 耐张卡具的机械性能

项目	施加负荷	施加时间	技术要求
静荷载试验	380kN	5min	装置应完好，无损坏现象

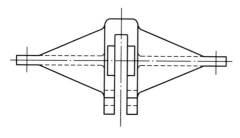

图 4-19 耐张后卡设计方案

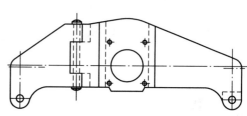

图 4-20 耐张前卡设计方案

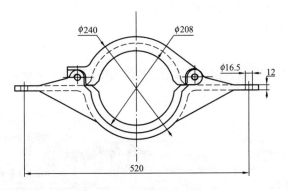

图 4 - 21　闭式卡设计方案

三、辅助工具

（一）液压紧线器

在更换绝缘子的作业中，需要卸去绝缘子串上的力，使之松弛后方可进行更换。此时就要用到液压紧线器。液压紧线器是通过液压装置来松紧导、地线的装置，广泛应用在±660kV 带电更换绝缘子等作业中，完成超出人力范围的提升、放松导线工作，从而卸去施加在绝缘子上的力，以对其进行更换。

（二）机械丝杠

机械丝杠的作用与液压紧线器类似，同样应用于±660kV 带电更换绝缘子等作业中。相对于液压紧线器，机械丝杠质量轻，使用简便，维护简单。缺点是使用时较为费力，对人员力量的要求更高。

（三）机械铰磨

±660kV 线路使用的金具、绝缘子等工具材料无论是体积还是质量，都远远超出 500kV 线路。作业人员在传递大件工具材料时，仅凭借人力不仅效率低，而且危险系数大，一旦有人手滑，极有可能导致高空坠物。在传递大件物品时使用机械铰磨可以很好地避免上述现象。

四、安全防护工具

（一）屏蔽服

带电作业安全防护装主要是带电作业用屏蔽服。

由于直流输电的特点，在直流输电线下几乎不存在电容耦合作用，这时输电线路导线上的电晕和所产生的空间电荷对于各种感应效应起着决定性的作用。对于直流等电位作业人员，通过人体的电流，主要是穿透屏蔽服通人人体的空间离子电流。因此，在直流带电作业中，屏蔽服的主要功能是屏蔽直流电场、旁路暂态电流、阻隔离子流等。

成套的屏蔽服包括上衣、裤子、帽子、面罩、手套、短袜、鞋子以及相应的连接线和连接头。GB/T 6568—2008 规定，屏蔽服应具有较好的屏蔽性能、较低的电阻、适当的载流容量、一定的阻燃性和较好的服用性能，并应满足如下要求：

1. 衣料技术要求

（1）屏蔽效率。用于制作屏蔽服装的衣料，其屏蔽效率不得小于 40dB。

（2）电阻。用于制作屏蔽服装的衣料，其电阻不得大于 800mΩ。

（3）熔断电流。用于制作屏蔽服装的衣料，其熔断电流不得小于 5A。

（4）耐电火花。衣料应具有一定的耐电火花的能力，在充电电容产生的高频火花放电时而不烧损，仅炭化而无明火蔓延。经过耐电火花试验 2min 以后，衣料炭化破坏面积不得大于 300mm²。

（5）耐燃。衣料与明火接触时必须能够阻止明火的蔓延。试样的炭长不得大于 300mm，烧坏面积不得大于 100cm²，且烧坏面积不得扩散到试样的边缘。

（6）耐洗涤。要确保在多次洗涤后，衣料的电气和耐燃性能无明显降低。应经受 10 次"水洗—烘干"过程。在衣料做过洗涤试验后，其技术性能应满足表 4-22 的要求。

表 4-22　　　　　　　　　　　衣料耐洗涤技术性能

屏蔽效率（dB）	熔断电流（A）	电阻（Ω）	燃烧碳化面积（cm²）
≥40	≥5	≤1	≤100

（7）耐磨损。衣料必须耐磨损，使衣服具有一定的耐用价值。经过 500 次摩擦试验后，衣料电阻不得大于 1Ω，衣料屏蔽效率不得小于 40dB。

（8）断裂强度和断裂伸长率。对导电纤维类衣料，衣料的径向断裂强度不得小于 343N，纬向断裂强度不得小于 294N，径、纬向断裂伸长率不得小于 10%；对导电涂层类衣料，衣料的径向断裂强度不得小于 245N，纬向断裂强度不得小于 245N，径、纬向断裂伸长率均不得小于 10%。

2. 成品要求

（1）上衣、裤子。为了确保整套屏蔽服装的电阻不大于规定值，分别测量上衣及裤子任意两个最远端之间的电阻均不得大于 15Ω。

（2）手套、短袜。手套及短袜的电阻均不得大于 15Ω。

（3）鞋子电阻。鞋子的电阻不得大于 500Ω。

（4）帽子。必须确保帽子和上衣之间的电气连接良好。帽子必须通过屏蔽效应试验，其屏蔽效应在整套衣服的屏蔽性能试验中一起进行试验。对Ⅰ型屏蔽服装，帽子的保护盖舌和外伸边沿必须确保人体外露部位（如面部）不产生不舒适感，并应确保在最高使用电压情况下，人体外露部位的表面场强不得大于 $240kV/m$。

（5）面罩。面罩采用导电材料和阻燃纤维编织，视觉应良好，其屏蔽效率不小于 $20dB$。

（6）整套屏蔽服装。对屏蔽服装膝部、臀部、肘部及手掌等易损部位，可用双层衣料适当加强，以提高整套屏蔽服装的耐用性能。为确保整套屏蔽服装的电阻和屏蔽性能符合本标准规定，应对组装好的整套屏蔽服装进行试验检查。检查整套屏蔽服装各最远端点之间的电阻值均不得大于 20Ω。

在规定的使用电压等级下，测量衣服胸前、背后以及帽内头顶三个部位的体表场强均不得大于 $15kV/m$，测量人体外露部位（如面部）的体表局部场强不得大于 $240kV/m$，测量屏蔽服内流经人体的电流不得大于 $50\mu A$。对屏蔽服装通以规定的工频电流，并经一定时间的热稳定以后，测量屏蔽服装任何部位的温升不得超过 $50℃$。

（7）分流连接线及连接头。为了保证整套屏蔽服装有较大的通流容量和较小的电阻，在上衣、裤子、手套、短袜、帽子等适当部位，应安放分流连接线。屏蔽服装每路分流连接线的截面积应不小于 $1mm^2$，并应具有适当的机械强度，使其不易折断。上衣、裤子均应有两路独立的分流连接线及连接头通道。衣、裤、帽、手套、短袜等各部件均应有两个连接头。如果手套与上衣之间或短袜与裤子之间能够通过衣料直接接触而使其在电气上导通，可以分别只装配一个连接头。

（二）电位转移棒

在进行 $\pm660kV$ 输电线路进出等电位模拟试验时，当试验模拟人与导线接近约 $0.4m$ 时，模拟人的头部、脚尖等均可能与导线之间产生电弧，由于多个电弧通道的出现，造成脉冲电流具有较大的分散性。经仿真计算，$\pm660kV$ 线路作业人员距离带电导线 $0.5m$ 时进行电位转移时，流过人体的最大瞬态能量可达 $0.79J$，考虑脉冲放电点可能发生在作业人员头部，推荐采用电位转移棒进行电位转移后进入等电位。

电位转移棒是等电位作业人员进出等电位时使用的一种金属工具，用来减小放电电弧对人体的影响及避免脉冲电流对屏蔽服可能造成的损伤、烧蚀。

带电作业用电位转移棒长度一般为 0.4m，可由金属硬质材料制成。它主要包括引线、连接头、金属棒和金属钩四部分，引线和金属钩分别连接在金属棒的两端，连接头接在引线的另一端头，金属棒为圆形，其表面光滑。

在未进行电位转移工作时，电位转移棒应可靠固定在等电位作业人员身上，不应减少等电位作业人员与接地体（杆塔、拉线）及带电体的各电气间隙距离，不应妨碍等电位作业人员动作。使用时，电位转移棒一端应通过软铜线可靠连接在屏蔽服上。

作业人员穿着全套屏蔽服装接近导线，在距离导线 0.4～0.6m 时，使用电位转移棒进行电位转移进入等电位。使用电位转移棒进行等电位时，将大幅减小电位转移时的脉冲电流，明显减弱电弧，避免对作业人员的安全造成的危害和对屏蔽服的烧蚀，大大提高进入等电位的安全性，延长屏蔽服的使用寿命，提高带电作业工作效率。

第三节　工具试验及保管

一、工具试验

带电作业工器具的设计应符合 GB/T 18037 的要求，屏蔽服装、绝缘绳索、绝缘杆、绝缘子卡具等应按照 GB/T 6568、GB/T 13035、GB 13398、DL/T 463、DL/T 878 等标准要求，通过型式试验及出厂试验。作业工器具应定期按照 DL/T 976 的试验方法进行电气试验及机械试验，其试验周期为：

（1）电气试验：预防性试验每年一次，检查性试验每年一次，两次试验间隔半年。

（2）机械试验：预防性试验绝缘工具两年一次，金属工具每年一次。

1. 预防性试验

（1）直流耐压试验。试验电极间试品绝缘长度为 4.8m，耐受电压 755kV，时间 3min。以无击穿、无闪络及无过热为合格。

（2）操作冲击耐压试验。试验电极间试品绝缘长度为 4.8m，标准操作冲击波（+250μs/2500μs），电压幅值 1325kV，耐受 15 次。以无击穿或闪络为合格。

（3）静负荷试验。1.2 倍额定工作负荷下持续 1min。以无变形、无损伤为合格。

（4）动负荷试验。1.0倍额定工作负荷下实际操作3次。以工具灵活、轻便、无卡住现象为合格。

2. 检查性试验

（1）将绝缘工具分成若干段进行工频耐压试验。每300mm耐压75kV，时间1min。以无击穿、无闪络及无发热为合格。

（2）整套屏蔽服装最远端点之间的电阻值不得大于20Ω。

二、带电作业工器具的保管

带电作业工器具，特别是绝缘工器具的性能优劣是性命攸关的大事。因此，带电作业工具的使用与保管，应严格按照规程规定，采取有效的措施进行保护。

1. 带电作业工器具专用库房

带电作业工具应存放在清洁、干燥、通风的专用工具库房内。库房四周及屋顶应装有红外线干燥灯，以保持室内干燥。库房内应装有通风装置及除尘装置，以保持空气新鲜见无灰尘。此外库房内还应配备小型烘干柜，用来烘干经常使用的或出库时间较长的（例如外出工作连续几天未入库的）绝缘工器具。

带电作业专用库房除具备以上条件外，还应做到与室外保持恒温的效果，以防止绝缘工器具在冷热突变的环境下结霜，使工具变潮。库房内存放各类工器具要有固定位置，绝缘工具应有序地摆放或悬挂在离地的高低层支架上（按工器具用途及电压等级排序，且应标有名签），以利通风；金属工器具应整齐地放置在专用的工具柜内（按工器具用途分类、按电压等级排序，并应标有名签）。

库房要设专人管理，要将所有的工器具登记入册并上账，各类工器具要有完整的出厂说明书、试验卡片或试验报告书。工器具出入库必须进行登记，入库人员必须换拖鞋，库房管理人员要注意保持室内清洁卫生，定期对工器具进行烘干或进行外表检查及保养，如发现问题，应及时上报专责人员。此外，库房管理人员还要负责每年两次的电气试验及一年一次的机械试验。新工具入库，要做好验收试验工作，报废或淘汰工器具要清理出库房，不得与可用工器具混放。

2. 带电作业工器具的使用、运输及储存

带电作业工器具出库装车前必须用专用清洁帆布袋包装，长途运输应具备专用工具箱，以防运输途中工器具受潮、污的浸袭，同时也防止由于颠簸、挤压使工器具受损。

现场使用工器具时，在工作现场地面应放置防潮苫布，所有工器具均应摆放在防潮苫布上，严禁与地面直接接触，每个使用和传递工具的人员，无论在塔上，还是在地面上，均需戴干净的手套，不得赤手接触绝缘工器具，传递人员传递工具时要防止与杆塔磕碰。

外出连续工作时，还应配带烘干设备，每日返回驻地后，要对所带绝缘工器具进行烘干，已备次日使用。

附录 A　±660kV 银东直流输电带电作业

一、直流等电位模拟试验情况

2011 年 4 月 14 日，由国家电网公司中国电力科学研究院和山东电力集团超高压公司合作开展的世界上首次±660kV 直流输电带电作业在国家电网公司特高压直流试验基地获得成功。此次带电作业试验前后历经近 2h，在±660kV 直流输电条件下，身穿屏蔽服的作业人员成功完成了进出强电场、等电位修补导线、等电位更换间隔棒等作业项目。

±660kV 直流输电在世界范围内都属于一个全新的电压等级，目前世界上只有我国的银东±660kV 直流输电工程线路投入运行。该条线路输送容量为 400 万 kV，约占到我国经济大省山东省整个用电负荷的九分之一。若其发生非计划停运，将造成巨大经济损失，并对电网的稳定运行构成极大威胁。而带电作业作为输电线路检修的重要手段，将有效保证特高压输电线路不间断持续供电，是确保电网安全及可靠稳定运行的基础。

在直流输电线路带电作业中，影响作业人员安全的因素主要来源于强直流电场的作用和电晕产生的离子流的作用。当直流输电线路导线及连接金具表面电场强度大于电晕起始电场强度时，靠近导线表面和连接金具棱角处的空气将发生电离，产生的空间电荷将沿电力线方向运动。这些空间电荷本身产生的电场将大大加强由导线电荷产生的电场，且空间电荷随空气的流动和在电场力的作用下不断由输电线路飘向地面，形成离子流。离子流遇到对地绝缘的物体时，将附着在该物体上，形成物体带电现象，可能引起暂态电击。离子流落在人体和衣服表面造成的局部暂态电击可以对人体产生刺痛感，高浓度的离子流如随呼吸进入人体也会使人体产生不适。

带电作业工作中第一步要考虑的是如何进出高压电场，其次是如何进行带电更换、维修线路设备装置。因此，带电作业研究中，首先要研究作业人员进出电场过程中，由所在杆塔塔身位置的地电位，经组合间隙过渡到等电位作业时，分别需要的各种最小安全间隙距离。

二、直流等电位带电作业开展情况

2011 年 7 月，在直升机巡视中发现±660kV 银东线极Ⅱ 2012 号塔 1 号子导线线夹与联板连接螺栓处缺少开口销。

超特高压输电线路杆塔按受力情况分为直线塔、耐张塔。根据不同塔型所采取的进出电场方式也不一样。吊篮法一般用于单回直线塔中相、双回直线塔中、上相。吊篮法是等电位电工改变行进轨迹巧妙增加了进出电场形成的组合间隙。吊篮法挂点较多，绝缘摆绳的绑扎距离还需测量，另外还要考虑绝缘摆绳的初伸长。作业中不能保证等电位电工准确荡入导线内。因此吊篮法在此处不推荐使用。

软梯法一般用于单回直线塔边相，双回直线塔下相。对于银东直流线路双极线路可视为两边相。对于边相的线路，一般采取软梯法进出电场。软梯法细分为两种：一种是将绝缘软梯挂于导线上，滑出线夹，等电位电工等电位后走线至作业点处。这种做法的优势可以有效避免等电位电工攀登软梯过程中直接对杆塔下曲臂放电。另一种是将绝缘软梯直接挂在横担上，等电位电工从地面攀登绝缘软梯直接等电位。

本次带电作业采用第二种软梯法进行。等电位电工无论在攀登绝缘软梯过程中、进出电场过程中、还是作业过程中，各项距离都是可以保证的。

三、直流带电作业安全距离控制

此类进电场方式及作业项目可以保证表 3-1 和表 3-2 规定的最小安全距离。

等电位电工与接地体和塔上电工与带电体的距离控制：工作负责人在作业前根据杆塔绝缘子金具计算带电体与接地体的距离，并在现场勘查中测量实际距离。等电位电工进入电场后，手臂、头部不得向上伸展。人身的最高部位不得超过复合绝缘子的下均压环；塔上电工作业时，手臂、双腿不得向下伸展。其长度不得超过复合绝缘子的上均压环。

组合间隙控制：工作负责人在作业前根据杆塔绝缘子金具计算等电位电工进出电场所组成的组合间隙，确认组合间隙满足带电作业条件。等电位电工在进出电场时动作幅度不宜过大。采用吊篮法进出电场时，身体应在吊篮内，尽量蜷缩，双臂不得超过吊篮边缘。

±660kV 银东线极Ⅱ2012 号塔带电作业指导书

2011 年 7 月，在直升机巡视中发现±660kV 银东线极Ⅱ2012 号塔 1 号子导线线夹与联板连接螺栓处缺少开口销，如图 1 所示。此缺陷严重威胁线路设备安全运行，需带电消除。同时完成模拟带电修补导线和模拟带电更换导线间隔棒工作。为确保安全完成本次任务，特编写本带电作业指导书。

±660kV 银东线极Ⅰ2010 年 11 月 28 日投运，极Ⅱ2011 年 2 月 28 日投运。极Ⅰ极色标为红色，极Ⅱ极色标为深蓝色。

2011 年 8 月 15 日，线路工区对作业现场开展了现场勘查。10 月 8 日，又对现场进行了现场复核。现场勘查结果如下：

（1）±660kV 银东线 2012 号塔位于平原县王庙镇楼庄村，地处平地。塔型为 ZP2713，呼称高 63m，复合绝缘子单 V 串设计，型号 FXBW－660/400，结构高度 8500mm。

（2）±660kV 银东线 2012 号塔的结构及地形具备带电作业条件，如图 2 和图 3 所示。

图 2　带电作业现场条件 1

图 1　缺陷情况

线路方向

本次带电作业确定采用软梯法进入电场，如图 4 所示，由×××担任工作负责人。

图 3　带电作业现场条件 2

图 4　悬挂绝缘滑车、绝缘软梯位

注：塔上电工登塔至银东线极Ⅱ 2012 号极Ⅱ适当位置后系好安全带，将绝缘滑车固挂在图 2 的位置 1、2 处。

1　范围

适用于带电补装±660kV 银东线极Ⅱ 2012 号极Ⅱ 2012 号塔 1 号子导线夹与联板连接螺栓处开口销，模拟带电修补±660kV 银东线极Ⅱ 2012 号塔小号侧第 1 间隔棒。±660kV 银东线极Ⅱ 2012 号塔小号侧 1 号子导线；模拟带电更换±660kV 银东线极Ⅱ 2012 号塔小号侧第 1 间隔棒。

2　引用文件

GB/T 6568—2008　带电作业用屏蔽服装

GB/T 18037—2008　带电作业工具基本技术要求与设计导则

GB/T 13035—2008　带电作业用绝缘绳索

GB/T 13034—2008　带电作业用绝缘滑车

GB/T 14286—2008　带电作业工具设备术语

GB/T 2900.55—2002　电工术语　带电作业

DL 779—2001 带电作业用绝缘绳索类工具

Q/GDW 302—2009 ±800kV 直流输电线路带电作业技术导则

±660kV 直流输电线路带电作业技术导则（报批稿）

国家电网公司电力安全工作规程（线路部分）

3 作业方式

等电位带电作业，绝缘软梯法进入电场。

4 人员分工

√	序号	作业分工	相关人员	备注
	1	工作负责人	刘××	
	2	专责监护人	杜×（地面专责监护）、刘××（塔上专责监护）	
	3	等电位电工	王×	
	4	塔上电工	崔××	
	5	地面电工	何×（1号）、王××（2号）、秦×（3号）、刘××（4号）、姜×（5号）	

5 工作准备

5.1 准备工作安排

√	序号	内容	标准	责任人	备注
	1	明确作业项目及作业方法	本次带电作业项目为±660kV 银东线带电补装带电补导线，模拟带电更换间隔棒。根据现场勘察结果，作业方式为等电位法，为绝缘软梯法进入电场		
	2	确定作业人员和劳动组合	工作负责人1名、专责监护人2人、等电位电工1名、塔上电工1名、地面电工5名，共计10名		
	3	学习作业指导书	工作前，组织全体工作班成员进行指导书学习，工作班成员应明确工作内容、工作流程、安全措施、工作中的危险点，并履行确认手续		

√	序号	内容	标准	责任人	备注
	4	确定准备作业所需物品要求	现场准备所使用的带电作业工具规格、选择正确，预防性试验标签齐全，并在有效期内，经外观检查和电气检测合格。所使用的检测仪表规格正确，量程符合要求，在鉴定有效期内。所使用材料规格正确，质量符合要求		

5.2 人员要求

√	序号	内容	标准	责任人	备注
	1	精神状态	作业人员应精神状态良好		
	2	作业资格	（1）经医师鉴定，无妨碍工作的病症。（2）具备必要的电气知识和业务技能，熟悉《国家电网公司电力安全工作规程（电力线路部分）》相关内容，并经考试合格。具备必要的安全生产知识，学会紧急救护法，特别是触电急救。（3）持有带电作业培训合格证，并经生产单位批准上岗		

5.3 工器具

√	序号	名称	型号规格	单位	数量	备注
	1	绝缘传递绳	蚕丝绳（φ12）	根	2	
	2	屏蔽服		套	2	全套
	3	绝缘电阻表	5000V	块	1	
	4	温湿度仪		台	1	
	5	风速仪		台	1	
	6	万用表		台	1	
	7	工具桶		个	2	

序号	名称	型号/规格	单位	数量	备注
8	线手套		副	10	
9	帆布	4m×6m	块	2	
10	绝缘滑车	3t	个	2	
11	绝缘绳套	0.5m	根	6	
12	绝缘软梯		副	5	
13	U形环	5t	个	6	
14	闭合钩		个	12	
15	砂纸	0号	张	2	
16	间隔棒扳手		个	1	
17	电位转移棒		支	1	
18	安全带		套		自备
19	个人工具		套		自备

注　绝缘工器具机械及电气强度均应满足安规要求，周期预防性及检查性试验合格。

5.4　材料

序号	名称	型号/规格	单位	数量	备注
1	开口销		个	若干	
2	导线预绞丝		组	1	
3	导线间隔棒	FJZ-450/1000	个	1	

5.5 危险点分析及安全措施

√	序号	危险点分析	安全措施
	1	防止线路再启动	工作负责人在工作开始前，应与值班调度员联系，申请停用再启动保护装置，由调度值班员履行许可手续。带电作业结束后应及时向调度值班员汇报。在带电作业过程中如遇设备突然停电，作业人员应视线路仍然带电。工作负责人未与调度联系，值班调度员未取得工作负责人联系前不得再启动线路设备
	2	防止误登杆塔	核对线路名称及极号：±660kV 银东直流极Ⅱ；塔号为 2012 号；深色。工作负责人确认工作地点正确，防止误登杆塔
	3	防止天气突变	带电作业应在良好天气下进行。前往现场前，应注意当地气象部门的当天天气预报。到达现场后，应对作业所反映范围内气象条件做出能否进行本作业的判断。相对湿度超过 80% 时，不得进行本作业。风力大于 5 级 (10m/s) 时，不宜进行本作业。作业过程中，注意对天气变化作出预测，如遇大风、雨雾等紧急情况，按照规程正确采取措施，保证人员和设备安全
	4	防止人身触电	(1) 现场作业人员必须穿工作服，正确佩戴安全帽。 (2) 等电位及塔上电工必须穿着全套合格的屏蔽服，各部连接良好，屏蔽服衣裤穿戴任意。等电位人员必须穿阻燃内衣；屏蔽服最外面层的电阻均不得大于 20Ω，屏蔽服内面穿阻燃衣等穿戴面面草。接线良好；接线人员防止中的高压电击。 (3) 正确使用绝缘电阻表和万用表。
	5	防止线路闭锁	(1) 认真执行现场勘察制度，收集分析现场施工图纸资料。在运输过程中应防止现场的合格验图纸标签。 (2) 带电作业工具有不过期的合格验签。进入作业现场，应将使用的带电作业工具放置在专用的帆布上，防止绝缘工具在防潮受潮内，并防中脏污后受潮、变形、失灵，否则禁止使用。使用前，仔细检查试验标签齐全合格，在预防性试验周期的毛巾对绝缘工具进行清扫，用干燥清洁的毛巾清扫使用。用干燥清洁的毛巾清洁 (电极宽 2cm，极间宽 2cm)。操作绝缘工具时应戴清洁干燥的手套。 (3) 带电作业时，等电位人员接地保持与接地带电体或带电体的距离不得小于 4.2m，等电位作业过程中距上横担不得小于 4.8m。 (4) 绝缘操作杆、承力和绝缘绳索有效绝缘长度不得小于 5.0m。 (5) 使用绝缘软梯进出等电位时，绝缘后备保护绳索的行进速度要小操作动作幅度。工作负责人应严格控制，做到均匀、慢速，不得过快。 (6) 等电位作业人员在进出电场和转移电位时，应每次检查屏蔽服各部连接确认良好，并应得到工作负责人的许可

√	序号	危险点分析	安全措施
	6	防止高空坠落	(1) 塔上电工登杆塔前，应先检查各高工具，应对检查是否完整牢靠。 (2) 等电位电工攀爬软梯前，应对软梯试压合格，胸钉等是否完整牢靠，抓牢踩稳。 (3) 高空作业时，安全带和保护绳应分挂在杆塔不同部位的牢固构件上，应防止安全带被锋利物损坏。转位时，手技的构件应牢固，且不得失去安全绳的保护。等电位作业人员在走线过程中，应绑扎双保险安全带，即长腰绳预住4根子导线，短腰绳挽住1根子导线。过间隔棒过程中不可失去安全带的保护，并随时检查腰绳损坏情况
	7	防止高空落物	(1) 现场作业人员应正确佩戴安全帽。 (2) 上下传递物件应用绝缘绳索拴牢传递，严禁上下抛扔。保管好携带的工器具及材料，防止高空落物。 (3) 地面电工不得站在作业处垂直下方，高空落物区不得有人通行或逗留
	8	防止作业人员自身原因可能带来的危害或造成设备异常	(1) 本次作业工作负责人，工作期间不得从事直接操作，应认真担负起安全责任，正确安全地组织工作。 (2) 工作前，工作负责人对工作班成员进行危险点告知，交代安全措施和技术措施，并确认每一个工作成员都已知晓。 (3) 严格执行工作票所列各项措施，督促监护现场安全措施，正确使用劳动防护用品和执行现场安全措施《国家电网公司电力安全工作规程》，正确执行工作票后方可许可开工等。 (4) 察看工作班成员精神状态是否良好，工作班成员遵守劳动纪律，技术规程和安全规章制度，正确使用安全工器具和劳动防护用品，相互关心工作安全，并监督安全规程的执行和现场安全措施的实施

6 作业程序

6.1 开工

√	序号	内容	作业人员签字
	1	作业人员进入工作现场，到达杆塔合适的位置	
	2	工作负责人明确作业内容和任务分工，作业人员签字确认	
	3	工作负责人向调度申请开工，工作许可	
	4	调度确认工作票后下达允许开工令	
	5	作业人员铺好防潮帆布，摆放安全工器具，进行作业前准备工作	

序号	内　容	作业人员签字
6	地面电工进行工器具的连接和检查，并进行风速、湿度、绝缘绳索的检测，不合格的物品禁止使用	
7	等电位电工穿戴屏蔽服（阻燃内衣已穿好）和连接检查，塔上监护人和塔上电工穿屏蔽服，佩戴安全工器具	
8	准备完毕后，各作业人员向工作负责人汇报	
9	工作负责人宣读工作票，交代安全注意事项。履行签字确认手续	
10	工作负责人宣布登塔作业	

6.2 作业内容及标准

√	序号	作业内容	作业步骤及标准			安全措施注意事项	责任人签字
	1	确认作业地点	工作负责人确认工作地点为±660kV 银东线极Ⅱ 2012号塔			防止误登杆塔	
	2	现场作业环境测量	测量项目	标准值	实测值	风力大于10m/s 不宜进行带电作业、湿度大于80%不宜进行带电作业	
			风速	不宜大于10m/s			
			湿度	不大于80%			
	3	地面准备工作	(1) 工器具的搬运、摆放。(2) 1、2号地面电工相互配合用5000V绝缘电阻表对绝缘工器具进行测量，绝缘软梯进行测量，并由1号地面电工协助面电工将结果汇报工作负责人；3号地面电工协助等电位电工，塔上电工穿好屏蔽服，由1、2号地面电工相互配合用万用表测量最近两点之间的电阻值，并由1号电工将结果汇报工作负责人；地面专责监护人对屏蔽服连接情况进行检查，汇报工作负责人			(1) 遵守《国家电网公司电力安全工作规程》关于带电作业工器具的使用要求。(2) 遵守《国家电网公司电力安全工作规程》关于屏蔽服使用要求。(3) 地面电工应佩戴清洁、干燥的手套，防止绝缘工具在使用时把污染受潮	

√	序号	作业内容	作业步骤及标准	安全措施注意事项	责任人签字
	4	塔上电工攀登杆塔	(1) 严格执行现场许可制度。 (2) 塔上电工将 1 号绝缘传递绳及滑车携带至塔上横担处，行至横担 Ⅱ 导线正上方，扎好安全带。检查杆塔的导线连接情况，挂好滑车及绝缘传递绳	攀登时，注意脚钉的稳固；人体与带电体保持不小于 4.2m 的安全距离	
	5	传递、悬挂及试压软梯	1 号地面电工使用 1 号绝缘传递绳绑扎好绝缘软梯。2、3 号地面电工将绝缘软梯传递给塔上电工，塔上电工使用 U 形环在导线正上方横担位置固定好，并检查牢固情况	(1) 塔上电工作业及转位时不得失去安全带的保护。安全带应系在牢固的构件上，同时应检查其牢固情况。 (2) 地面电工应对绝缘软梯进行压力试验	
	6	攀登软梯	等电位电工使用 1 号绝缘传递绳作为后备保护，携带转移棒攀登软梯至导线上方 0.5m 时，申请等电位	1、2 号地面电工控制好等电位电工的后备保护绳，匀速上下	
	7	进入强电场	得到工作负责人的许可后，等电位电工使用转移棒迅速挂住导线完成等电位进入电场坐任 2、3 号子导线上	等电位电工对铁塔距离不得小于 4.2m 的安全距离；距上横担不得小于 4.8m	
	8	检查金具，补装开口销	等电位电工检查金具连接情况，安装开口销并接至其开口	等电位电工对铁塔距离不得小于 4.2m 的安全距离；距上横担不得小于 4.8m	
	9	传递绝缘绳及移动至作业位置	(1) 地面电工使用 1 号绝缘传递绳将滑车及 2 号传递绳绑扎牢固，使用 1 号传递绳滑车及传递绳移行进至等电位。 (2) 等电位电工携带滑车及传递绳移行进至作业位置，坐任 2、3 号子导线上	(1) 等电位电工在走线过程中，应使用有后备绳的双保险安全带。 (2) 过间隔棒时不可失去安全带的保护，并随时检查长短腰绳损坏情况	
	10	修补导线	1 号地面电工将预绞丝装入人工桶内，使用 2 号传递绳绑扎牢固，并将其传至等电位。等电位电工使用 0 号砂纸、钳子将导线做平滑处理，再使用预绞丝对导线进行处理	等电位电工所使用的个人工器具应绑扎牢固，防止高空落物	

√	序号	作业内容	作业步骤及标准	安全措施注意事项	责任人签字
	11	更换间隔棒	(1) 等电位电工携带滑车及传递绳行进至间隔棒附近1m处，坐在2、3号子导线上。 (2) 地面电工使用2号传递绳将间隔棒及间隔棒扳手传递至等电位。 (3) 等电位电工先安装新间隔棒，再拆除旧间隔棒，并由地面电工配合传至地面	(1) 等电位电工所使用的个人工器具应绑扎牢固，防止高空落物。 (2) 新间隔棒应始终绑扎在2号传递绳上，安装完毕后方可将闭合钩解开；更换旧间隔棒前，应先使用闭合钩将其扣牢，再进行拆除	
	12	退出强电场	(1) 等电位电工携带滑车及传递绳走返回导线线夹处，使用1号传递绳将2号传递绳绑扎牢固，由地面电工传至地面。 (2) 完成检修工作、检查自身及导线上无遗留的工器具、材料等作为自身后备保护，等电位电工起身作登上软梯，等电位电工退出强电场。 (3) 得到工作负责人的许可后，等电位电工登上软梯，按照进入强电场的逆顺序退回地面。 (4) 等电位电工沿绝缘软梯返回地面	(1) 等电位电工在走线过程中不可失去安全带的双保险安全带。 (2) 过间隔棒时短暂失去保护，并随时检查长短腰绳磨损情况。 (3) 监护人应检查提醒等电位电工的后备绳扣环是否扣牢。 (4) 1、2号地面电工控制好等电位电工的后备保护。3号地面电工压住好绝缘软梯。 (5) 等电位电工对杆塔距离不得小于4.2m的安全距离	
	13	传递工器具	塔上电工拆除绝缘软梯，并使用绝缘传递绳传递至地面。1、2号地面电工使用传递绳将绝缘软梯绑扎牢固，导线上无遗留的工器具、材料等，塔上电工携带绝缘传递绳下塔。	地面电工传递绝缘软梯过程中不得站在作业点的正下方	
	14	检查现场，汇报工作终结	工作负责人检查杆塔上、导线上无遗留物，材料等，命令塔上电工下塔。	塔上电下塔过程中应抓牢踩稳	

6.3 竣工

√	序号	内　　容	负责人员签字
	1	检查消缺质量符合施工工艺要求	
	2	杆塔上无遗留物	

√	序号	内　　容	负责人员签字
	3	作业现场清理完毕，作业结束	
	4	通知调度终结工作票，恢复线路再启动保护装置	

6.4 消缺记录

√	序号	缺　陷　内　容	负责人员签字
	1		
	2		
	3		

6.5 验收总结

序号	作　业　总　结	
1	验收评价	
2	存在问题及处理意见	

6.6 指导书执行情况评估

评估内容	符合性	优	可操作项	
		良	不可操作项	
	可操作性	优	修改项	
		良	遗漏项	
存在问题				
改进意见				

参 考 文 献

[1] 胡毅，翁旭. 三峡 500kV 同塔双回线路带电作业试验研究 [J]. 高电压技术，2001，27 (1)：57-58.

[2] 杨新法，刘洪正，孟海磊，等. ±660kV 直流输电带电作业安全防护的试验研究. 电力建设，2012，33 (3)：1-5.

[3] 胡毅，聂定珍，王力农. 500kV 紧凑型双回线路的安全作业方式研究 [J]. 高电压技术，2001，27 (12)：31-33.

[4] 胡毅，王力农，肖勇. ±500kV 直流输电线路带电作业的屏蔽防护 [J]. 高电压技术，2002，28 (9)：20-21.

[5] 胡毅，王力农，等. 操作冲击电压对生物放电及屏蔽防护试验 [J]. 高电压技术，2002，28 (6)：44-45.

[6] 王力农，胡毅，等. 500kV 高海拔紧凑型线路带电作业研究 [J]. 高电压技术，2005，31 (8)：12-14.

[7] 方年安. 带电作业安全技术 [J]. 东北电力技术，1994，7：33，51-59.

[8] 谢玉品. 交流 500kV 线路带电作业的开展与应用 [J]. 东北电力技术，1994，7：34-38.

[9] 柏克寒. 500kV 带电作业时入电场的几个问题 [C]. 带电作业技术实践与研究论文集，四川省电机工程学会供用电专委会，1995：93-101.

[10] 胡定超，等. 电位法在带电作业中的应用与发展 [C]，带电作业技术实践与研究论文集，四川省电机工程学会供用电专委会，1995：151-160.

[11] 胡毅，等. 750kV 输电线路带电作业的试验研究 [J]. 电网技术，2006，30 (2)：14-18.

[12] 胡毅，等. 西北 750kV 输电线路带电作业试验研究研究报告 [R]，武汉高压研究所，2002.

[13] 万启发. 二十一世纪我国的特高压输电 [J]，高电压技术，2000，26 (6)：12-13.

[14] 张文亮，胡毅. 发展特高压交流输电，促进全国联网 [J]. 高电压技术，2003，29 (8)：20-22.

[15] 胡毅. 送变电带电作业技术 [M]. 北京：中国电力出版社，2004.

[16] 丁一正. 带电作业技术基础 [M]. 北京：中国电力出版社，1998.

[17] 顾祥庆. 国内外 500kV 屏蔽服综述 [J]. 东北电力技术，1995，10：59-62.

[18] 柏克寒. 500kV 交直流超高压屏蔽服的研制 [J]. 华中电力，1994，7 增刊 (2)：12-19，32.

［19］ M. A. Adb‐Altah. Magneticfield‐inducedcurrentsinhumanbodyintheproximityofpowerlin-es. IEEE.

［20］ AChiba，KIsaka，YYokoi，etal. Applicationoffiniteelementmethodtoanalysisofinducedcur-rentdensitiesinsidehumanmodelexposedto60Hzelectricfield ［J］． IEEETransonPAS，1984，103 (7)：189521902.

［21］ 邵瑰玮，胡毅，王力农，刘凯. 特高压交流线路带电作业安全防护用具与措施 ［J］. 高电压技术. 2007，33（11）：44－50.

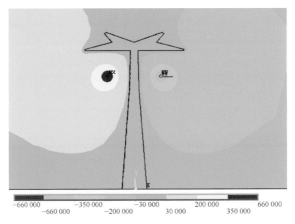

图 2-19　铁塔周围电位分布(不考虑离子流人体影响)

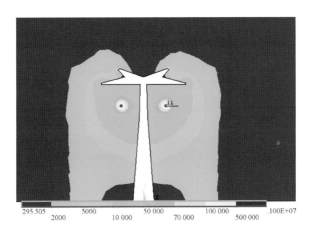

图 2-20　铁塔周围场强分布(不考虑离子流和人体影响)

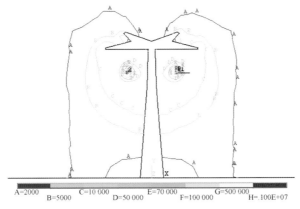

图 2-21　铁塔周围场强分布等值线(不考虑离子流和人体影响)

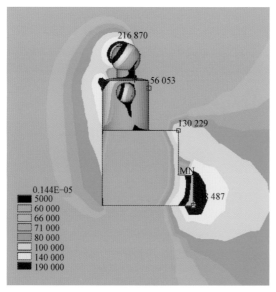

图 2-23　作业位置3处场强分布图

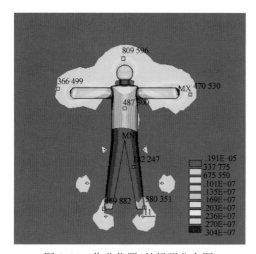

图 2-24　作业位置4处场强分布图

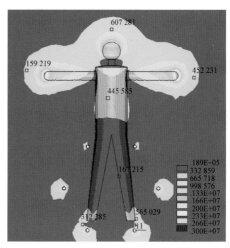

图 2-25　作业位置5处场强分布图

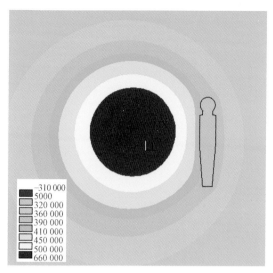

■	-310 000
	5000
	320 000
	360 000
	390 000
	410 000
	450 000
	500 000
■	660 000

图 2-28　人体周围电位分布

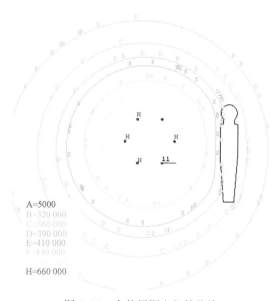

A=5000
B=320 000
C=360 000
D=390 000
E=410 000
F=450 000

H=660 000

图 2-29　人体周围电位等值线

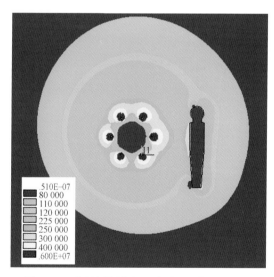

■	.510E-07
	80 000
	110 000
	120 000
	225 000
	250 000
	300 000
	400 000
■	.600E+07

图 2-30　人体周围电场强度分布(单位: kV/m)

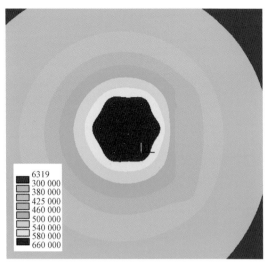

图 2-32　人体周围电位分布

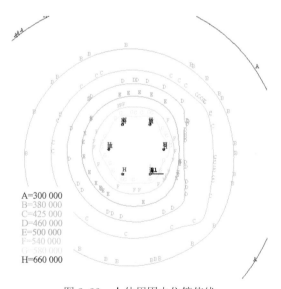

A=300 000
B=380 000
C=425 000
D=460 000
E=500 000
F=540 000
G=580 000
H=660 000

图 2-33　人体周围电位等值线

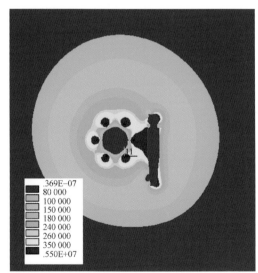

图 2-34　人体周围电场强度分布(单位：kV/m)